小学校のプログラミングを体験してみましょう!

コンピュータや
プログラミングの重要性に気づき、
身近な問題解決に生かそうとする
態度を育みます

▲ 現代の暮らしの中では「コンピュータはなくてはならない存在である」ことを学びます。コンピュータは「人が与える命令（プログラム）でのみ動く」ことを、自分でさまざまな目的に向かってプログラミングすることで体感します。

ブロック型の命令を
組み合わせて、視覚的に
プログラムをつくります
（ビジュアルプログラミング）

▲ パソコンやタブレットを使ってプログラミングします。英語や難しいプログラミング言語などは使いません。

教科の学びを深めます

▶ ここでは、プログラミングで正方形をかいていますが、「辺の長さや内角の大きさがすべて同じ」という正多角形の性質を理解したうえで、その性質を利用してプログラミングを行います。小学校では、プログラミングそのものではなく、教科の学びを深めることが目的のひとつです。

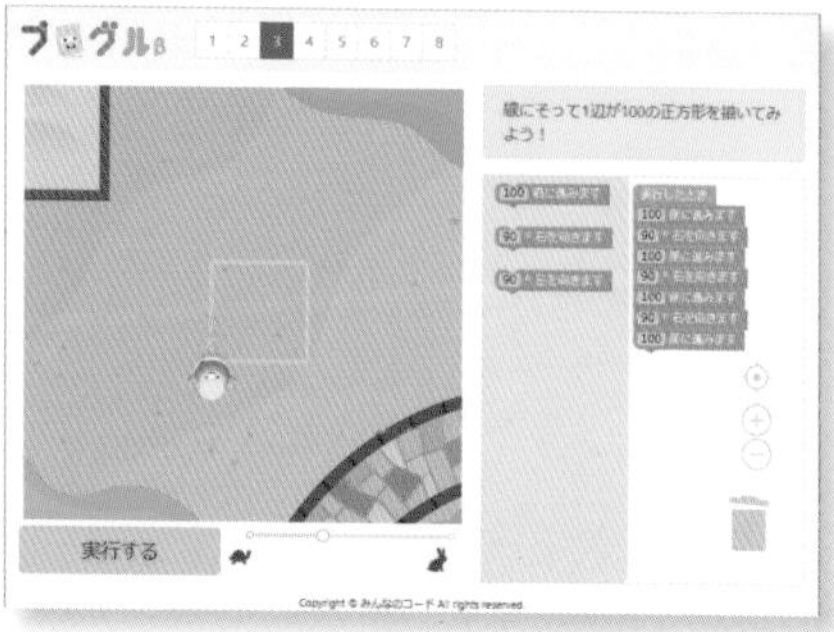
1 2 3 4 5 6 7 8
線にそって1辺が100の正方形を描いてみよう！
実行する
Copyright © みんなのコード All rights reserved.

プログラミング的思考を育みます

◀ 正三角形をかく場合は、内角の角度（60度）を入れただけでは正三角形になりません。命令のどの部分を変えればよいのか、順番を変えればよいのか。別の方法を考え、試行錯誤しながら、改善策を練ります。必要な動きを分け、動きに対応した命令を考え、組み合わせ、試行錯誤しながら改善していくことがプログラミング的思考です。

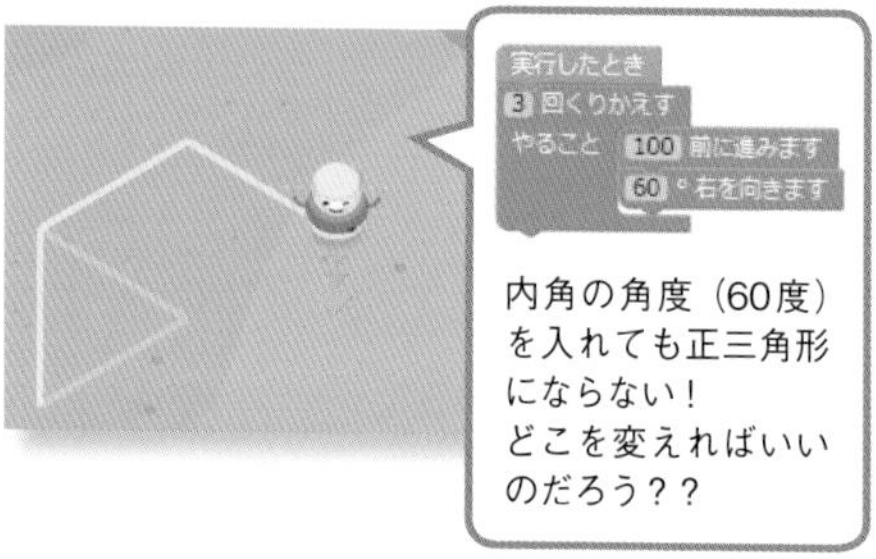
実行したとき
3 回くりかえす
やること 100 前に進みます
60 °右を向きます
内角の角度（60度）を入れても正三角形にならない！
どこを変えればいいのだろう？？

受け身で授業を受けるのではなく、自ら主体的に学びます

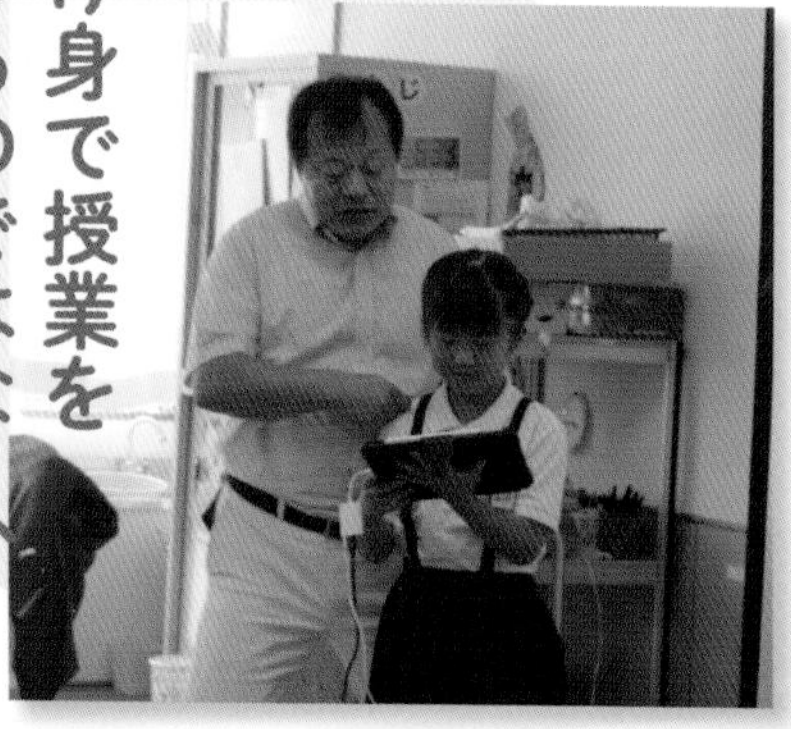

こたえ（ブロック）
7 8 9
6 5 4
1 2 3

▲ 前に出て自分の思っていることをホワイトボードに書いたり、みんなに話したりして表現し、伝えます。

友達と教え合ったり、話し合ったりして、考えを深めます

▼グループで自分の考えを説明したり、気づいたことを伝えたりして意見交換しながら、プログラムを改善していきます。

試行錯誤しながら、つくったプログラムを動かして実行します（トライ＆エラー）

▼パソコンでつくったプログラムを教育用コンピュータボードに送っているところです。自分の意図したとおりに動くプログラムをつくるために、トライ＆エラーを繰り返していく試行錯誤の過程も大切です。

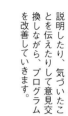

子どもたちの持つ創造力や可能性を広げます

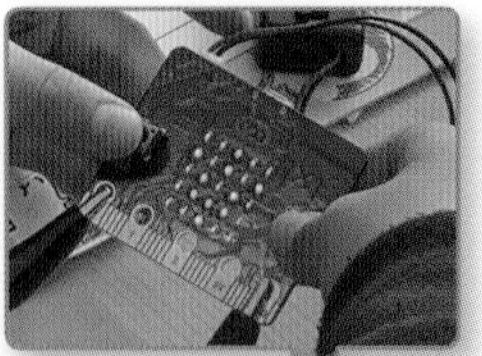

▲プログラムを送ると、LEDがハートのような形に光ります。プログラムを変えると光る形も変わります。

▶ビスケット（Viscuit）でプログラミングした作品を、コンサートの演奏に合わせてプロジェクションマッピングのように発表しています。

学校の枠組みの外側にもプログラミングを通した活動の場が生まれてきています。

▲コンピュータクラブハウス加賀（石川県）

なぜ、いま学校でプログラミングを学ぶのか

2020年4月から
全小学校で実施

はじまる「プログラミング教育」必修化

編著

情報通信総合研究所特別研究員
平井聡一郎

特定非営利活動法人「みんなのコード」代表理事
利根川裕太

技術評論社

なぜ、いま学校でプログラミングを学ぶのか——目次

※本書は令和元年（二〇一九年）十二月現在の情報をもとに作成しています。本書発行後に情報は変更になることがあります。あらかじめご了承ください。

序章

「プログラミング」にどんなイメージを持っていますか？

——二〇二〇年度の教育改革に向けて

平井聡一郎

［平井先生から］

私は、茨城県で小・中学校や教育委員会に勤める中で、長年プログラミング教育を実践してきました。現在は文部科学省や総務省の教育ICTに関わるアドバイザーを務めるほか、全国の自治体や公立・私立の小中学校などで、プログラミング教育を現場に普及させる活動をしています。本書では、特定非営利活動法人「みんなのコード」の利根川裕太氏とともに、これまで教育現場で取り組んできた知見をまとめました。利根川氏はみんなのコードの設立者であり、企業と連携しながら、プログラミング教育の指導教員の養成や、プログラミング教材の開発を通して、小学校からのプログラミングの普及に取り組んでいます。

本書では、二〇二〇年度から小学校で必修化となるプログラミング教育について、必修化の背景というそもそもの話から、実際の事例をまじえた授業への落とし込みまでを、わかりやすく解説していきます。いまだプログラミング教育について不安に感じている方、漠然とした疑問をお持ちの方も多いと思います。そうした学校現場の先生だけでなく、自治体の方、民間の教室を運営している方、そして保護者の皆様に向けて、プログラミング教育の持つ意味をお話していきたいと思います。

教育関係者の持つ「プログラミング教育」のイメージからわかること

皆さんは「プログラミング教育」という言葉を聞いて、どんなイメージが浮かんでくるでしょうか。

教育関係者の方に「プログラミング教育」についてのイメージをお聞きすると、次のような回答が多く返ってきます。

「何をしたらいいかわかっていない」

「どう教えればいいのかわからない」
「学校でどのように取り組んでいくのか明確でない」
「ほかの業務が忙しく手をつけられない」
「先生の関心がうすい」
「指導への不安」
「単元に適した教材の選び方がわからない」
「機材不足」

このように、回答の多くがポジティブではなく、どちらかといえばネガティブで消極的な意見が多く、プログラミングに対して不安や疑問を抱えていることがわかります。それは、プログラミングを知らないがゆえに、「プログラミングは難しいもの」、「覚えるのが大変なもの」という認識から来ていることが多いと考えています。けれど、決してプログラミングは特別なものでも、難しいものでもありません※。

その理由を説明する前に、現在の日本が置かれている状況について、まずお話していきます。

※「プログラミング」に持つイメージについては28頁も参照。

AIやビッグデータで社会が大きく変わる

日本が今、国として大きな転換期に差し掛かっていることはご存知でしょうか。そのひとつが「第4次産業革命」です。これまで、世界は三つの産業革命を経験してきました。一八〜一九世紀、蒸気機関の発明により人間は動力を得ました。これが最初の産業革命です。イギリスで始まった第1次産業革命は世界に広がり、人々の生活、社会のあり方そのものを大きく変えていきました。そして、第2次産業革命は一九世紀後半に、おもにアメリカとドイツで起きた技術の進歩を指します。原料が石炭から、石油や電力に代わり、重工業・重化学工業での技術革新が行われました。

そして、第3次がコンピュータの発明です。デジタル革命ともいわれる第3次産業革命におけるコンピュータの発展と普及は、皆さんがご存知の通りです。今や、街中で多くの人がスマートフォンを手にしており、コンピュータによる自動化で仕事のあり方も大きく変わってきています。

第4次産業革命には、大きく分けて二つの技術革新があります。一つめが、IoT※とビッグデータです。現在、気象から個人情報まであらゆるデータがリアルタイムにネットワーク上に蓄積され、これらのデータを解析・利用することで、新たな付加価値が生まれ

※IoT
Internet of Things。さまざまなものに通信機能を持たせて、相互に情報を交換し制御する仕組みのこと。IoTによって、自動認識や遠隔計測などが可能になり、大量データを収集・分析して高度な判断サービスや自動制御を実現する。

ています。二つめが、ＡＩ※による自動学習や操作によって、従来人間の行っていた労働が代替可能になったことです。

　これまでは実現不可能と思われていた社会の実現が可能になったことで、産業構造や就業構造が大きく変わることが予想されます。日本では、これらＩｏＴやビッグデータ、ＡＩ、ロボットなどの技術を産業や社会生活に取り入れて、個人のニーズに合わせて社会的課題を解決できる、人間中心の新しい社会を「Ｓｏｃｉｅｔｙ（ソサエティ）５・０」と名付けています。テレビのＣＭなどで、自動車の自動運転をはじめ、ドローンやＡＩが日常生活に活用されているソサエティ５・０が実現したイメージ映像をご覧になった方もいらっしゃるでしょう。

▲Ｓｏｃｉｅｔｙ（ソサエティ）５・０の政府広報
このサイトではイメージ動画も公開されている。また、内閣府では「サイバー空間（仮想空間）とフィジカル空間（現実空間）を高度に融合させたシステムにより、経済発展と社会的課題の解決を両立する、人間中心の社会（Society）」と定義している。

※ＡＩ
Artificial Intelligence：人工知能。人間の知能の働きである「学習」「推論」「判断」などをコンピュータを使って人

しかし、ここで大きな問題となっているのが、日本企業、そして日本全体がこの第4次産業革命に遅れをとっていることです。二〇一七年五月に経済産業省が公開した「新産業構造ビジョン　一人ひとりの、世界の課題を解決する日本の未来」には、最大の鍵として「第4次産業革命技術の社会実装」が明記されています。戦後、「技術大国」「ものづくり大国」として大きな躍進を遂げてきた日本ですが、さまざまな要因で技術革新に乗り遅れ、日本企業の競争力が低下し、特に技術面では後進国にも遅れをとっています。

■世界に遅れをとる日本

現在、日本は大きな分かれ道にいます。従来にないスピードで変化が加速し、非連続的な技術革新によって予見が困難な時代に、痛みをともなうような思い切った改革を行い方向転換に舵をきるのか、このまま革命の波に乗り遅れるのかという選択に迫られています。改革においては、外側であるシステムだけを変えても意味がありません。人材そのものを変えていく必要があります。

実際問題として、理工系の学生数の減少や修士課程修了者の進学率の低下など、これまで世界に誇ってきた科学技術立国としての地位が危ぶまれつつあります。そのため、日本が国をあげて行おうとしている、戦後最大の教育改革につながっているわけです。そのひ

工的に実現したもの。

とつが、「初等中等教育・高等教育等を通じて日本人全体のＩＴ力を底上げする」ことです。そのため、特にプログラミング教育に関する取り組みについては、文部科学省だけでなく、経済産業省、総務省も携わっています。それは、この教育改革が日本という国家の体質改善につながる、重大な改革であるからです。

■すでにやって来ている近未来

では、第４次産業革命以降の世界はどうなっていくのでしょうか。これからの社会を象徴する、非常にわかりやすい動画があります。「The Future of Work: Will Our Children Be Prepared?」（未来の仕事：子どもたちは準備ができている?）というタイトルで、ロボットやＡＩ、ドローンが活躍する近未来の仕事を紹介しています。

作者のTed Dintersmithは、アメリカ全土を周り、学校や現場の先生や学生、保護者に取材したなかで、社会の変化にともなう教育の変革を訴える著書『What School Could Be』を記し、大きな反響を呼びました。

※動画「The Future of Work」
無人の物流倉庫で働くロボットや１日で完成する家など、すでに起きている変化が映し出されている。

https://www.youtube.com/watch?v=59d3UZTUFQ0

▲「The Future of Work」でも紹介されていたアマゾンの自走式ロボット「Drive」
商品棚の下に「Drive」ロボットが入り、棚を持ち上げ、物流拠点内を移動する。アマゾンジャパンではアマゾン川崎FC（フルフィルメントセンター）他で稼働。提供：アマゾンジャパン

「The Future of Work」の動画は、無人の広大な物流倉庫で、ロボットたちが忙し気に働いている様子から始まります。３Dプリンターによって一日で完成する家、ドローンで迅速に届けられる荷物、安全かつ精密に手術を行う医療ロボット、自動運転で農作業するトラクターや道路を走行する長距離トラック、無人のスーパーで買い物をする人々などが、次々と紹介されていきます。これらは決して映画の話ではありません。現実に、すでに起きていることなのです。そして、これらのことから、多くの仕事がＡＩやロボットによって置き換わっていくことが容易に想像できるでしょう。

今ある職業の半分がAIに置き換わる⁉

野村総合研究所がオックスフォード大学との共同研究を行い、二〇一五年に発表した資料によると、日本国内の労働人口の約半数が、人工知能やロボットなどに代替えされる可能性が高いことが明らかになりました。これは、国内の六〇一種類の職業について定量分析データを用いて推計したもので、結果、ルーティンでできるような、特殊な知識やスキルに依存しない職業は「人工知能やロボットでの代替えができる可能性が高い」ことを示すものとなりました。

AIに代替できない職業例

- 外科医、内科医、小児科医、精神科医、歯科医師、産婦人科医、助産師
- 医療ソーシャルワーカー
- 理学療法士
- 柔道整復師、はり師・きゅう師
- 獣医師
- 犬訓練士
- 言語聴覚士
- 作業療法士
- 社会学研究者、心理学研究者、人類学者
- 経営コンサルタント
- 中小企業診断士
- マーケティングリサーチャー
- エコノミスト
- 商品開発部員
- 国際協力専門家
- 社会福祉施設指導員・介護職員
- ケアマネージャー
- 法務教官
- 幼稚園・小・中学校・大学・短大教員
- 盲・ろう・養護学校教員
- 日本語教師
- 保育士
- 学芸員
- 学校・教育・産業カウンセラー
- 児童厚生員
- 音楽教室講師
- スポーツインストラクター
- アウトドアインストラクター
- 観光バスガイド
- ツアーコンダクター
- ペンション経営者
- 旅行会社カウンター係
- インテリアデザイナー
- インテリアコーディネーター
- ジュエリーデザイナー
- ディスプレイデザイナー
- ファッションデザイナー
- スタイリスト
- グラフィックデザイナー
- 工業デザイナー
- 映画監督・カメラマン
- 舞台演出家、舞台美術家
- アート・広告・放送ディレクター
- プロデューサー
- アナウンサー
- テレビタレント、俳優
- 芸能マネージャー
- 放送記者
- カメラマン
- 図書・雑誌編集者
- ライター、評論家
- レストラン支配人
- ソムリエ、バーテンダー
- フードコーディネーター
- 料理研究家
- 美容師
- ネイルアーティスト
- メイクアップアーティスト
- アロマセラピスト
- ゲームクリエーター
- マンガ家
- ミュージシャン
- 作詞家、作曲家
- クラシック演奏家、声楽家

▲人工知能やロボット等による代替可能性が低い職業

参考:「日本の労働人口の49%が人工知能やロボット等で代替可能に」株式会社野村総合研究所 プレスリリース(2015年12月2日)

これからの時代に求められる三つのスキル

つまり、これからの時代に生きる子どもたちは、自らの仕事を得るために、機械にとって代わられない知識やスキルを身につける必要があるのです。そのために必要な能力として、私は次の三つのスキルがとても大切だと考えています。

1・コミュニケーション能力
2・クリエイティビティ
3・スペシャリティ

コミュニケーション能力とは、単に他者に何かを伝える力ではありません。「自分の考えを他者にわかりやすく整理し、それを伝える力」であり、「他者の話を受け止め、何が言いたいのかを聞き取る力」でもあります。そして「誰かと協力して何かをなし得る力」でもあると言えます。この力こそＡＩにはない、人間の独自の能力と言えるでしょう。

クリエイティビティは、文字通り「創造力」です。ゼロからつくり出していく力、答えのない時代に自分が答えを考えて見出す力です。もちろん、何もないところから勝手に考えが出てくるものではありません。「今までの学び、体験から得た知識や技能などを関連させ、新しいものを生み出す力」とも言えるでしょう。

スペシャリティは、「簡単には手に入れることのできない高度な知識や技能など」です。簡単には手に入れることができないということは、その「困難を乗り越える意欲や意識」も大切になります。そして、そんな知識や技能を手に入れるためのスキルも重要ということです。子どもの立場で考えれば、「その子が持つ特別な興味や得意なこと」とも言えます。それは、必ずしも学力に直結するものとは限りません。ですから、自分しかない特殊な知識やスキルを認め、伸ばしていくことが大切です。

しかし、これらのスキルはこれまでの教師主導の知識伝達型の授業のみで身につくものでしょうか? 教科書や本を読んで得られるようなものでしょうか? だから、「今こそ学校の学びが変わらなくてはならない」と私は考えています。

いや、「変えなければならないときが来た」と言うべきでしょう。そのために二〇二〇年度に学習指導要領が変わるのです。その変革の切り口のひとつがプログラミングの体験となるわけです。すべての児童生徒が小学校からプログラミングにふれることで、これら三つのスキルを全員が身につけることができるのではないかと期待しています。

小学校でのプログラミング教育が目指すもの

ここで再び、冒頭で問いかけた「プログラミング」の話に戻ります。

二〇二〇年度から新しい学習指導要領が実施されることは、皆さんご存知かと思います。学習指導要領は二〇一七年三月に公示されましたが、それに先立って、二〇一六年に行われた有識者会議の「小学校段階におけるプログラミング教育の在り方について（議論の取りまとめ）」において、「プログラミング教育」は次のように定義されています。

> プログラミング教育とは、子供たちに、コンピュータに意図した処理を行うよう指示することができるということを体験させながら、将来どのような職業に就くとしても、時代を超えて普遍的に求められる力としての「プログラミング的思考」などを育むことであり、コーディングを覚えることが目的ではない。

▲プログラミング教育の定義
出典：「小学校段階におけるプログラミング教育の在り方について（議論の取りまとめ）」平成28年6月16日　小学校段階における論理的思考力や創造性、問題解決能力等の育成とプログラミング教育に関する有識者会議

■変化の激しい社会で必要とされるスキルを養う

ここに明記されているように、小学校におけるプログラミング教育は、プログラミングの操作や技術を覚えるものではなく、プログラミングの体験を通じて、「プログラミング

的思考」を育むことを目的としています。

そして「プログラミング的思考」とは、「自分が意図する一連の活動を実現するために、どのような動きの組合せが必要であり、一つひとつの動きに対応した記号を、どのように組み合わせたらいいのか、記号の組合せをどのように改善していけば、より意図した活動に近づくのか、といったことを論理的に考えていくこと※」であり、さらに「職業や時代に関係なく普遍的に求められる力」であるとも明記されています。

このことから、プログラミング教育は変化の激しい社会において、子どもたちに必要とされるスキルを養っていくためのものだということが理解できるでしょう。

■「プログラミング」は各教科の中で実施される

これらの定義を受けて、二〇一七年三月に公示された学習指導要領では、プログラミング教育について次のように示されました。

> 第2　教育課程の編成
> 2　教科等横断的な視点に立った資質・能力の育成
> (1)　各学校においては、児童の発達の段階を考慮し、言語能力、情報活用能力

※プログラミング的思考については、第2章を参照。

（情報モラルを含む。）、問題発見・解決能力等の学習の基盤となる資質・能力を育成していくことができるよう、各教科等の特質を生かし、教科等横断的な視点から教育課程の編成を図るものとする。

第3　教育課程の実施と学習評価

1　主体的・対話的で深い学びの実現に向けた授業

（3）第2の2の（1）に示す情報活用能力の育成を図るため、各学校において、コンピュータや情報通信ネットワークなどの情報手段を活用するために必要な環境を整え、これらを適切に活用した学習活動の充実を図ること。また、各種の統計資料や新聞、視聴覚教材や教育機器などの教材・教具の適切な活用を図ること。

あわせて、各教科等の特質に応じて、次の学習活動を計画的に実施すること。

ア　児童がコンピュータで文字を入力するなどの学習の基盤として必要となる情報手段の基本的な操作を習得するための学習活動

イ　児童がプログラミングを体験しながら、コンピュータに意図した処理を行わせるために必要な論理的思考力を身に付けるための学習活動

▲学習指導要領に示されたプログラミング教育

出典：文部科学省「小学校学習指導要領（平成29年告示）」

プログラミング教育は、新たに「プログラミング」という教科が設けられるのではなく、既存の各教科の指導の中に取り入れていくものとしています※。その内容については、学校や教員にある程度ゆだねられています。

新しい学びで何を育むのか

そして、今回の改訂には大きな三本の柱があります。

①生きて働く知識および技能の習得
②未知の状況にも対応できる、思考力、判断力、表現力等の育成
③学びを社会や人生に生かそうとする、学びに向かう力、人間性等の涵養

これらで育まれるものは、先ほど「人間が機械に代替えされないために必要なスキル」として挙げたコミュニケーション能力、クリエイティビティ、スペシャリティというスキルと合致します。知識・技能を習得し突き進んでいくことはすなわちスペシャリティに通じ、思考力、判断力、表現力を持つことは、自ら課題を見出し何が必要かを判断し、ゼロ

※2018年11月に公開された「小学校プログラミング教育の手引（第二版）」では、ねらいや学習活動の事例について、くわしく解説されている。詳細は第2章を参照。

からつくり上げていくクリエイティビティそのものです。そして、学びに向かう力や人間性を育てるための協働学習やアクティブラーニングは、コミュニケーション能力を伸ばします。

こう考えると、二〇二〇年度から始まる学習指導要領に基づく日本の小学校教育は、まさに第4次産業革命に備えた新しい学びを目指していることがわかります。

■プログラミングはクリエイティビティを高める表現ツール

では、なぜプログラミング教育によって、コミュニケーション能力やクリエイティビティ、スペシャリティといったスキルを育むことができるのか。実際の小学校でのプログラミングを活用した授業を例にとってみましょう。小学校の図工で、さまざまなプログラミング教材をツールとして活用している授業があります※。授業を担当した図工専科の先生によると、「プログラミングやプログラミングの教材は、図工の授業のねらいを達成するために、ツールとして取り入れている」と話しています。つまり、プログラミングを覚えたり、プログラミングの操作を覚えたりすることが目的ではなく、あくまで表現のツールとしてプログラミングを使っているにすぎません。

また、ツールとして取り入れた理由として、「プログラミングを使ったほうが、子ども

※第5章の事例3（148頁）も参照。

たちの表現が広がると考えた」ことを挙げています。子どもたちは、絵の具やクレヨンではなく、タブレットやプログラミング教材を道具として使い、それによって自分だけの考えをまとめ、創造性をフルに使った作品をつくり上げています。これが、クリエイティビティを育んでいる要素のひとつです。

■教え合い、学び合いでコミュニケーション能力やスペシャリティも高まる

プログラミングを活用した授業では、子ども同士による教え合い、学び合いの姿がよくみられます。得意な子どもがほかの子にやり方を教えたり、面白いアイデアを持っている子に聞きに行くといったことが自然発生的に起きてきます。意識せずとも、コミュニケーション能力やスペシャリティが、プログラミングを使った授業のなかで育っていくのです。

そう考えると、プログラミングは特別なものでもなく、そんなに難しいものでもないということを理解していただけるのではないでしょうか。マンガ家や画家など、芸術家の多くがコンピュータやタブレットを表現の道具として使っています。中には、「絶対にアナログな道具だけで、デジタルの道具は使わない」とおっしゃる先生もいますが、これからの社会でコンピュータをまったく使わずに生きていくという選択肢はほぼないでしょう。自分のこだわりだけで、子どもたちにそうした新しいツールを使う機会を奪ってしまうこ

となります。

ここでは図工を例に出しましたが、図工に限らず、プログラミングを活用すればもっと自分が表現したいことが実現できる。プログラミングは、まさに「アウトプットに最適のツール」だと考えています。プログラミングは、今や第4次産業革命に乗り遅れた日本で、これからの子どもたちに対して行うべき新しい教育なのです。

まずは自分で体験してみること

二〇二〇年度の教育改革は目前に迫っています。もっとも大切なことは、何よりも、まず自分で実践してみることです。私は、先生向けの研修会などで、最後に必ず「つべこべ言わずやってみろ」という言葉を結びとしています。現在まだプログラミングをまったく体験したことがない方は、わからないなりにも、とにかく一度プログラミングを体験してみることです。実感してみないと、そこから先に進むことはできません。自分が体験したうえで、そこから得たものをもとに、次のステップへ進んでみてください。

■社会全体で学びを支えることも大切

そのうえで大切なことは、社会全体でこれからの学びを支えていかなければいけないということです。学習指導要領の解説にも、次のように明記されています。

> 情報活用能力の育成や情報手段の活用を進める上では、地域の人々や民間企業等と連携し協力を得ることが特に有効であり、プログラミング教育等の実施を支援するため官民が連携した支援体制が構築されるなどしていることから、これらも活用して学校外の人的・物的資源の適切かつ効果的な活用に配慮することも必要である。

日本の未来のため、これからを生きる子どもたちのため、教育現場を支える教育関係者の方々、保護者の方々だけでなく、社会全体で新しい時代の学びをサポートしていく必要があります。日本の転換期は、教育の変革は、もうそこまで来ています。

▲社会全体で学びを支える
学習指導要領には学校だけでなく、学校外の地域や民間とも連携する旨が書かれている。
出典:文部科学省「小学校学習指導要領(平成29年告示)総則編 解説」

「プログラミング」と聞いて、どんなイメージを思い浮かべますか？

熊本で行った先生方の研修です。研修の初めに聞いてみました。（リアルタイムに投票結果を確認できるサービス「mentimeter」を使用）

プログラミングと聞いて一言 Before

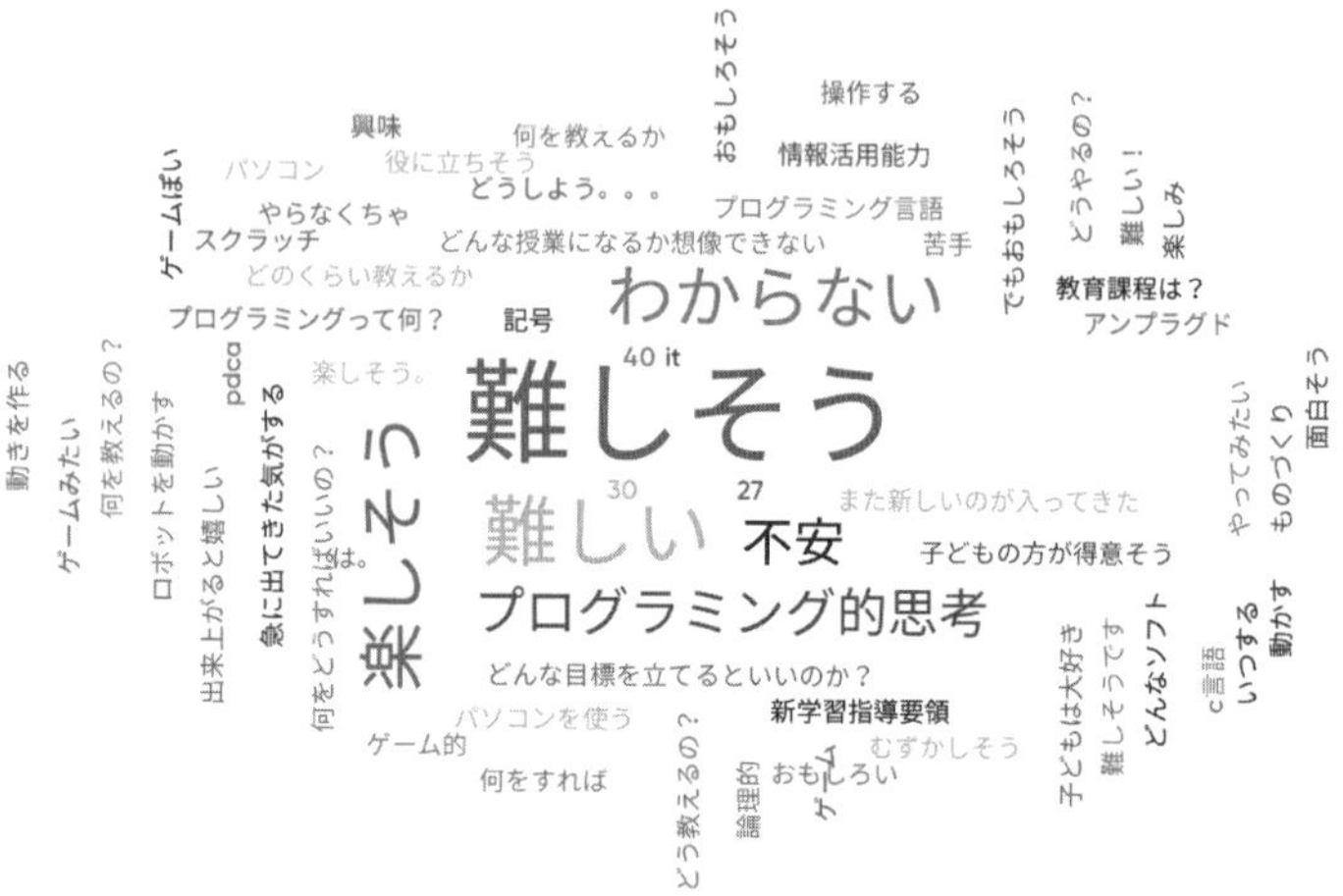

研修後の感想です。

プログラミングと聞いて一言 After

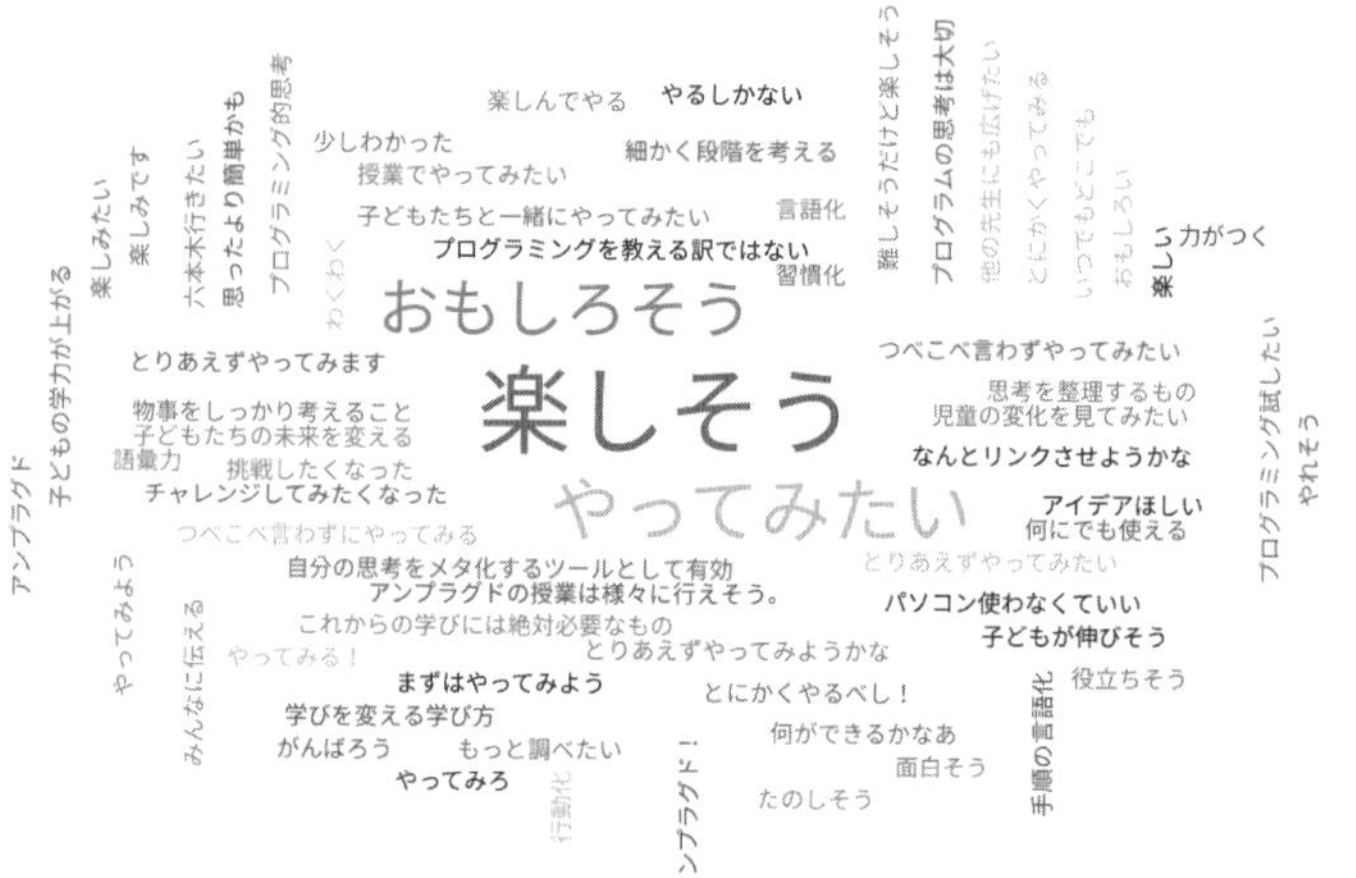

変わりましたね。それは、小学校でのプログラミングがどんなものか、体験してみたからです。

第1章

なぜ、今 プログラミング教育が必修化？

利根川裕太

序章では、第4次産業革命によって社会が大きく変わりつつある現在、日本が今まさに岐路に立っていることをお話しました。

この章では、こうした背景もあわせて、プログラミング教育が小学校でなぜ「必修化」になったのか、その必要性を解説していきます。これはとても大切なことです。先生方が「なぜ小学校でプログラミング教育を行うのか」という点を理解せずにプログラミング教育を始めてしまうと、中身の伴わない「形だけの授業」になってしまいます。本書では「なぜプログラミングを学ぶのか」ということを繰り返しお伝えしていきたいと思います。

身の回りにたくさんあるコンピュータ

「皆さんの家に、コンピュータはいくつありますか?」

これは、私が講演を行うときに最初によくする質問です。

①1台以下? ②2~5台? ③6~10台? ④11台以上?

皆さんも考えてみてください。

この質問をすると、だいたい半分くらいの方が「2~5台」に手をあげます。「1台以下」と答える方もちらほら。「6~10台」が三割くらいでしょうか。八割以上の方が①~③の答えを選びます。

正解は「11台以上」。これは、実はひっかけ問題なのです。

多くの方はスマートフォンやパソコンの台数を思い浮かべるのか「10台以下」の答えが多いのです。しかし、質問は「パソコンの台数は何台ありますか」ではなく、「コンピュータは何台ありますか」。コンピュータは皆さんが思っている以上に、家の中のさまざまなところで使われています。

たとえば、部屋にあるエアコン。これにもコンピュータが入っています。エアコンは、リモコンでスイッチを入れると最初に冷風や温風が出ます。そして、ある程度の気温や湿度に達すると、弱くなります。これは立派なコンピュータによる制御なのです。ほかにも、家具を避けながら自動で掃除してくれる掃除機はもちろん、冷蔵庫やテレビなど、最近の家電にはすべてコンピュータが入っているといえます。

この質問のことを海外の方にお話したところ、「日本はすごい。トイレまでコンピュータじゃないですか」という答えが返ってきました。確かに、リモコンを押すと便座が閉じたり水が流れたりするトイレもコンピュータといえます。このように考えていくと、「コンピュータは11台以上ある」

▲身の回りにはコンピュータがたくさんあって、私たちの暮らしを支えている

と言いましたが、もっとちゃんと数えてみると30台以上あるかもしれませんね。これを読んだ後、もう一度自宅にあるコンピュータの数を数え直してみてください。いかに、コンピュータが私たちの暮らしを支えているかということに改めて気づくと思います。

■コンピュータが支え、豊かにしている私たちの暮らし

もし、コンピュータがなかったら毎日の暮らしはどうなるでしょうか。温度調整が効かないエアコンや、回して洗うだけの洗濯機など、コンピュータの制御が入ってない昔ながらの家電だけになってしまったら……?　私たちは、果たしてその暮らしに何日間耐えられるでしょうか。健康に問題のない方ならまだしも、入院している方にとってはコンピュータのない暮らしは耐え難いものになってしまうでしょう。現代人は、もはやコンピュータのない不便な暮らしに戻ることは難しいのではないでしょうか。

現代の社会や私たちの暮らしは、たくさんのコンピュータに囲まれています。インターネットやスマートフォンだけでなく、自宅にあるさまざまな家電、街の自動販売機や信号機にいたるまで、無数のコンピュータが人々の暮らしを便利に豊かにしてくれます。そんな日常を生きていることをふまえて、改めてプログラミング教育のことを考えていきましょう。

小学校で学ぶのは、暮らしに関連した身近なこと

小学校教育では、世の中の森羅万象についての仕組みや、その成り立ちを学びます。身の回りの暮らしとリンクしたさまざまな学習活動が昔から行われているのです。

たとえば、日本人の主食として欠かせない「米」。米は日本人にとってとても大事なものであることは皆さん理解しておられるでしょう。「ご飯を粗末にすると怒られる」という意識は世代を超えて受け継がれている日本の文化ともいえます。こうした文化が、なぜきちんと次の世代に伝わっているのでしょうか。その理由のひとつが、小学校における米づくりの体験にあると考えています。

多くの小学校では、「総合的な学習の時間」などにおいて、子どもたちは米づくりを体験します。東京や大阪の都心部では田んぼがありませんので、校庭や屋上で小さなバケツを使って米づくりをする学校もあります。子どもたちは半年間かけて、田植えから収穫、脱穀、精米までを体験し、自分たちの育てた稲からどれだけの米が収穫できるかというプロセスを体験的に行っています。こうした体験を経て、米のつくり方を学ぶだけでなく、地理で習う農業の知識と結び付けられ、同時に農家の苦労を知り、食べ物を大切にしなければいけないという気持ちが芽生えてくるのだと、私は考えています。

そのほかの例として、理科で学ぶ「電気」があります。日常生活のなかで、部屋の電気をつけたり消したりしても、誰も魔法だとは思いません。それは、「科学現象」だと認識しているからです。その認識のベースには、小学校の理科の授業において、電気の回路をつくることを体験的に学んでいるという経験があります。理科では、実験を通して直流と交流などを学びますが、こうした体験的な授業を義務教育の段階で受けることで、電気の仕組みを理解し、かつ電気が身近なところで使われていることを認識していくのです。

暮らしに欠かせないコンピュータについて学ぶのが、プログラミング教育

プログラミング教育も、米や電気と同様です。現代の社会では進化したコンピュータが活用され、私たちの身の回りでの重要さが増してきています。第４次産業革命のＡＩやビッグデータといった技術革新によって、これまでコンピュータと無縁だった業界までもがコンピュータを活用するようになっています。

クルマの自動運転も実用化が始まり、宅配便ではドローンが荷物を届ける時代になります。また、スポーツの世界ではコンピュータを駆使し選手のトレーニングと試合のパ

フォーマンスを最適化するといったことが行われ、回転寿司店ではＩＣチップとビックデータ解析を活用し、一分ごとに握るネタを最適化し廃棄を減少させることで、同価格でより美味しい寿司ネタを提供し、かつ食品ロスを防止しています。このように、社会をより良くしようと、あらゆる業界でコンピュータが活用されているのです。

コンピュータを学ぶことで、便利な暮らしの裏にある仕組みを学ぶ

米について学ぶ際、子どもたちは米づくりを体験し、電気について学ぶ際には実際に電気の回路を組み立てました。では、現代社会に普及したコンピュータについて学ぶためには、どうしたらよいでしょうか。それが、コンピュータを使った体験、プログラミング教育なのです。

序章でも紹介した二〇一六年の有識者会議「小学校段階におけるプログラミング教育の在り方について（議論の取りまとめ）」では、プログラミング教育についてさまざまな議論がなされました。そのなかで、「学校教育として実施するプログラミング教育は何を目指すのか」という議題について、次のようにまとめられています。

○私たちは現在でも、自動販売機やロボット掃除機など、身近な生活の中で意識せずとも、様々なものに内蔵されたコンピュータとプログラミングの働きの恩恵を受けている。このような人間とコンピュータとの関係は、人工知能の急速な進化等に伴い、今後ますます身近なものとなってくると考えられる。
○そうした生活の在り方を考えれば、子供たちが、便利さの裏側でどのような仕組みが機能しているのかについて思いを巡らせ、便利な機械が「魔法の箱」ではなく、プログラミングを通じて人間の意図した処理を行わせることができるものであり、人間の叡智が生み出したものであることを理解できるようにすることは、時代の要請として受け止めていく必要がある。

プログラミング教育は特別なものではなく、米や電気と同じように、身の回りの仕組みを理解するための学習のひとつなのです。コンピュータが不可欠の現代において、身の回りの大事なこととしてコンピュータについて知っておかなくてはなりません。もはや、コンピュータのことを知らずには、世の中のことを正しく認識できないからです。

▲プログラミング教育の目指すもの
出典：「小学校段階におけるプログラミング教育の在り方について（議論の取りまとめ）」平成28年6月16日　小学校段階における論理的思考力や創造性、問題解決能力等の育成とプログラミング教育に関する有識者会議

■小学校で必要なのは、まずプログラミングを「体験すること」

よく聞かれることのひとつに、「プログラミング教育は、プログラマーやエンジニアを育成するためのものなのか」という質問がありますが、これはまったくの誤解です。

第４次産業革命が始まった現在、高度ＩＴ人材と呼ばれるプログラマーやエンジニアなどを育てようという国をあげて推進しているのも確かです。しかし、小学校の段階におけるプログラミング教育では、特定のプログラミング言語を覚えてスキルを伸ばしたり、ましてや「プログラミング」という教科を新たに設けて評価したりするものではありません。あくまで、プログラミング教育は既存の教科の中で実施していくことが明示されています。

小学校におけるプログラミング教育は「コンピュータでのプログラミングを体験すること」が肝になります。プログラミング言語を覚えたり、技能を身につけたりということよりも、「プログラミングを体験し、楽しむこと」こそが、プログラミング教育においてもっとも大事なことです。

その背景として、バケツでの米づくりや、豆電球と乾電池で電気を小学生が体験できたように、プログラミングについても各種ビジュアルプログラミングツールが充実してきたことがあります。わかりやすい教材の充実により、小学生段階からプログラミング学習に取り組むことが可能になりました。

また、プログラミングにおける考え方は既存の教科等での学びと共通する部分がありま す。指導要領等ではそれを「プログラミング的思考」と定義し、その育成がプログラミン グ教育の狙いのひとつとなりました。詳しくは第2章で述べます。

プログラミングを小学生から学ぶことへの疑問や不安に対して

今、日本では二〇二〇年度からの必修化を前に、プログラミング教育ブームのようなものが起きています。二〇一三年の閣議決定を機に、民間のプログラミング教室が次々と立ち上がり、新しい教材が続々と登場しています。

そんななかで、保護者の方から、

「プログラミングをやらないと落ちこぼれてしまうのでしょうか？ 始まる前に、予習や対策が必要でしょうか？」

「小さいうちはコンピュータにふれさせたくない。小学生からプログラミングを学ぶ必要はないのでは？」

といった質問や意見を聞くことがあります。

予習や対策はいりません

まず、前者のご心配についてですが、プログラミングの出来不出来で成績を測るわけではありません。小学校では、身の回りの暮らしはコンピュータに支えられており、そのコンピュータがプログラミングによって動作しているということを知り、自分でもプログラミングを体験してみることが目的ですので、対策や予習といったものも必要ないと考えています。もし、子どもがプログラミングに興味を持ち、学校以外でももっとやってみたいという意思を示したら、自宅でプログラミングができる環境をつくったり、プログラミング教室に通ったりするなどの機会を与えてあげるのもよいでしょう。

学校でできる社会体験のひとつです

そして後者の質問については、これまで解説してきたように、今や日常の生活のなかでコンピュータを使わない日はありません。社会におけるコンピュータの社会での活用が「重要度（コンピュータにできることが増える）×普及度（あらゆる業界にある）」の掛け算で増してくる未来に向けて、コンピュータがどのような仕組みで動いているかを知るプログラミング教育はとても大事なことであり、米づくりや理科実験、調理実習といった、学校でできる体験のひとつと考えてください。

■難解なものではありません

　また、ひと昔前はコンピュータでのプログラミングというと、黒い画面に向かって英語や数字を延々と打ち込んでいく難解なものというイメージでしたが、最近では、ブロック型の命令を組み合わせてプログラミングができる「ビジュアルプログラミング」のアプリや教材も多数あります。ビジュアルプログラミングは小学生でも簡単に扱えるため、プログラミング自体の難易度も非常に下がってきました。技術的な面でも、小学生が学べる環境が整ってきたといえるでしょう。

▲テキストプログラミングとビジュアルプログラミング

すべての子どもにプログラミング教育を

そもそも、私がプログラミングを覚えたのは、それまで勤めていた企業を退職し新しい事業を始めたことがきっかけです。プログラミングで新しいサービスを起ち上げることによって、世の中をより便利に良くしていけるという実感を持ちました。

その後、アメリカで発足した「コードオルグ（Code.org）」を知りました。コードオルグはアメリカの学生に向けてコンピュータサイエンスの学習を支援する団体です。コードオルグが主催する、コンピュータサイエンスに挑戦するイベント「アワー・オブ・コード（Hour of Code）」はアメリカ国外にも広がり、毎年一二月に、日本でも全国で開催されています※。

コードオルグの活動を知った私は、「すべての子がコンピュータにふれる機会が提供されるべきだ」という思いで、二〇一五年にみんなのコードを起ち上げました。現在、みんなのコードは、「すべての子どもがプログラミングを楽しむ国にする」という使命のもと、全国で先生に向けたプログラミングの研修、自治体や学校単位でのサポート、プログラミング学習の教材開発などを通じて、日本全国の子どもたちがプログラミング教育を受けられる手助けを行っています。

※みんなのコードは、2019年12月9日～15日のコンピュータサイエンス教育週間に合わせ、日本国内認定パートナーとして、日本全国の「アワー・オブ・コード」活動を推進した。

学校教育でプログラミングを必修化することの意義

みんなのコードが目指している「すべての子どもがプログラミングを楽しむ国にする」という目的は、住んでいる地域による教育の格差や、各家庭での収入によって受けられる教育の格差をなくしたいというものです。これは小学校の必修化で目指すものと同様です。

■都心部と地方、家庭の収入

特に、プログラミング教育については、私が始めた頃だけでなく、現在も都心部と地方では、情報量も受けられる教育の機会も大きな差があります。

日本のＩＴ企業の多くは都心部に集中しています。二〇一三年から民間のプログラミング教室を運営しているCA Tech Kids代表取締役社長の上野朝大氏が、「プログラミング教育については、東京に対して地方都市で一

▲みんなのコードのミッション「全ての子どもがプログラミングを楽しむ国にする」

https://code.or.jp/

年、地方ではさらに一年遅れている」と語っていましたが、まさにそれだけの差があることを実感しています。

最近は、地方でも全国展開している学習塾などがプログラミング教室を始めて、少しずつ増え始めてはいますが、まだプログラミング教育に対する認識や、プログラミングを学んだその先にどういうものがあるかという認識は、東京と地方では大きく異なります。

だからこそ、東京と地方で差が少ない学校教育で、プログラミング教育を必修として行うことには大きな意味があります。

そして、義務教育、しかも小学校から必修化されることは、家庭の収入に関係なく、すべての子どもにプログラミングを学ぶ機会が与えられるということでもあります。

■ジェンダー

また、コンピュータのエンジニアは、諸外国でも日本でも、男女比が圧倒的に異なっています。その理由として、やはり工学系を学ぶのは男性の担当といった意識が根強くあり、女性は選ばない傾向にあることが考えられます。

しかし、小学校の段階では、そうした「男だからこうしなければいけない」「女なのに、これをやったらおかしい」といったジェンダーの認識があまり強くないため、この段階から男女の区別なくプログラミングにふれることで、そうした意識を排除できるという期待もあります。実際、最近は子ども向けのプログラミング体験ワークショップには女子も多く参加するようになり、小学生や中学生でも女性のすばらしいヤングプログラマーが誕生しています。

■等しく教育を受ける機会を与える

文部科学省の定める「教育基本法」の第３条（教育の機会均等）には、「すべて国民は、ひとしく、その能力に応ずる教育を受ける機会を与えられなければならないものであって、人種、信条、性別、社会的身分、経済的地位又は門地によって、教育上差別されない。」とあります。

小学校で必修としてプログラミング教育を行うことには、さまざまな教育格差を解消し、等しく教育を受ける機会を与えるという意味もあるのです。

身の回りの小さな課題を解決することが大きな活躍につながる

最近テレビなどでも紹介された若宮正子さんという方は、世界最高齢のプログラマーとして知られています。この方は、銀行を定年退職した後、このまま老後に入ってしまうと、「社会と断たれてしまう」と感じ、六十歳からインターネットの前身にあたるパソコン通信を始めました。その後、パソコンを使って「エクセル」という表計算ソフトで絵を描くというアートが注目されます。さらにスマートフォンを購入した際には「私がやって勝てるアプリがない。でも誰もつくってくれない。じゃあ私がつくろう」と、シニア世代が楽しめるアプリをつくってしまったのです。それが、お雛様を正しく並べる「hinadan※」というアプリです。

これ皆さん、若宮さんにたぶん勝てません。お雛様の上下の並びはわかっても左右の並びはわからないですよね。これをつくったことがまた話題を呼び、ついにはシンデレラストーリーのように、アメリカで開催された世界の開発者向けの会議「WWDC」にも招待され、世界最高齢の開発者としてスピーチをするまでに至りました。若宮さんのご活躍は、年齢を引き合いにして「もう、コンピュータやプログラミングは無理……」とおっしゃる

※若宮正子さんの作成した「ｈｉｎａｄａｎ」はＡｐｐストアからダウンロードできる。

https://apps.apple.com/jp/app/hinadan/id1199778491

方に向けても、決してそんなことはない、女性やシニアでもやる気さえあれば、こんなすばらしいことができるという好例といえるでしょう。

もう一人、プログラミングで活躍している例として、大阪府の高校生をご紹介します。現在、高校三年生の西村惟さんは、学校によくある回して使う円盤形の掃除当番表に課題を感じ、掃除当番をクラスのＬＩＮＥグループに毎日通知してくれる「掃除Ｂｏｔ」という自動発言システムをつくりました。このシステム「Ｔｏｕｂａｎｓ！※」は大きな反響を呼び、ＬＩＮＥが開催したアプリコンテストで優勝しました。さらには、アメリカで開催される学生向けのビジネスアイデアコンテストで、日本人として初めてファイナリストに選出されるという快挙も成し遂げました。

若宮さんと西村さんに共通していることは、身の回りの小さな課題に取り組むことから始めて、それが大きな活躍へつながっているということです。このように、コンピュータやプログラミングを使って課題解決していく社会をつくっていければ素晴らしいことだと思います。

※西村惟さんの作成したＬＩＮＥ ＢＯＴ「Ｔｏｕｂａｎｓ！」はサイトから利用できる。

https://www.toubans.com/

二〇二〇年度までと、その先へ

今後も社会は、ＩＴによって加速度的に変わり続けていきます。それにともなって、世界各国のコンピュータについての教育もどんどん進んでいきますので、日本の学校教育が二〇二〇年度の段階で留まってしまい、さらにその先へ進んでいかないと、社会との差、世界との差は広がっていってしまうという危機感をもっています。

みんなのコードでも、これまでは小学校を対象にプログラミング教育のサポートを行ってきましたが、今後は中学校や高校、校外教育などもサポートしていく必要性を感じ、企業と連携のうえ、新たに進めていくことになりました※。

日本では、社会との差や世界との差を埋めていくためには、まだまだやるべきことがあります。常にそういった危機感は持ち続けつつ、まずは二〇二〇年度に、よいスタートを切ることが第一だと思っています。

※「プログラミング教育支援プロジェクト」については、「全国の中学校向け「プログラミング教育支援プログラム」を開始 ― Google.org の支援を得て教員養成、無償教材、実態調査を順次実施」を参照。
https://code.or.jp/news/3767/

COLUMN

プログラミング教育が必修化となるまで

必修化までの長い道のり

最初に小中学校におけるプログラミング教育の案件が閣議に上がったのは、二〇一三年でした。同年に開催された「日本再興戦略 -JAPAN is BACK-」閣議決定のなかで、「義務教育段階からのプログラミング教育等のＩＴ教育を推進する」との記述がありますが、必修化についてまでは言及されていませんでした。

その後、プログラミング教育の必修化が公式に語られたのは、二〇一六年の四月、安倍首相が議長を務めた「第二六回産業競争力会議」の場です。日本の成長戦略における人材の育成・確保策として初等中等教育でのプログラミング教育の必修化が明記されたことにより、新聞などで報道され大きな話題となりました。しかし、これまでまったくプログラミング教育に無縁だった多くの学校現場には混乱やとまどいがあり、「まったくプログラミングの経験がないのに、どのように指導すればよいのか」「パソコンなどの機材が古く、環境が整っていない」といった多くの問題点が浮上したのです。

同日、文部科学省に「小学校段階における論理的思考力や創造性、問題解決能力等の育成とプログラミング教育に関する有識者会議」が設置され、メンバーの一人として私（利根川）も参加しました。ここでさまざまな議論が交わされ、二〇一七年三月二日に公示された、十年ぶりに改訂された学習指導要領に、プログラミング教育が盛り込まれました。

二〇一三年にプログラミング教育についての提案があってから七年後の二〇二〇年四月、新学習指導要領の全面実施をもって、ようやく小学校での必修化が行われることになりました。

▼プログラミング教育を中心とした日本の教育改革の流れ

2013年	「日本再興戦略 -JAPAN is BACK-」を閣議決定 その中で、「義務教育段階からのプログラミング教育等の IT 教育を推進する」と明文化
2015年6月	総務省「プログラミング人材育成の在り方に関する調査研究」調査書を公開
2016年4月	「第26回産業競争力会議」において、プログラミング教育の必修化を明言、文部科学省「小学校段階における論理的思考力や創造性、問題解決能力等の育成とプログラミング教育に関する有識者会議」を設置
2016年 5～6月	「小学校段階における論理的思考力や創造性、問題解決能力等の育成とプログラミング教育に関する有識者会議」を開催（全3回）
2016年6月	有識者会議による「小学校段階におけるプログラミング教育の在り方について（議論の取りまとめ）」を公表
2016年12月	文部科学省中央教育審議会の答申に「プログラミング教育」が盛り込まれる
2017年3月	幼稚園、小学校、中学校の学習指導要領を改訂、公示 「未来の学びコンソーシアム」設立
2018年3月	高校の学習指導要領を改訂・公示 小学校プログラミング教育の手引　第一版　公開
2018年11月	小学校プログラミング教育の手引　第二版　公開
2019年5月	文部科学省「小学校プログラミング教育に関する研修教材」を公開、「平成30年度教育委員会等における小学校プログラミング教育に関する取組状況等について」の調査結果を公表
2019年9月	文部科学省、総務省、経済産業省による「未来の学びプログラミング教育推進月間」を実施
2020年4月	小学校での学習指導要領を全面実施、プログラミング教育の必修化が始まる
2021年1月	センター試験に変わる「大学入試共通テスト」実施（先行実施）
2021年4月	中学校での学習指導要領を全面実施
2022年4月	高校での学習指導要領を全面実施

中学・高校での必修化も迫っています！

世界各国はどんどん先へ

しかし、その間に各国のテクノロジーの教育はどんどん進んでいく一方、日本の教育現場は、プログラミング教育やコンピュータ教育はなかなか進まなかったのです。イギリスやフィンランドでは初等教育の段階からコンピュータ教育が必修化され、アメリカでは、「コンピューターサイエンスフォーオール」とのプロジェクトで必修化が推進されています。韓国をはじめ、アジア各国でもプログラミング教育の必修化が始まっている現在、日本ではまだ一部の子どもたちしか、プログラミングを体験する機会がありません。

実施している自治体はまだ半数

文部科学省では、小中学校が新しい学習指導要領を全面実施する前に、二〜三年の移行措置を設けています。これは、二〇二〇年度からいきなりプログラミング教育の授業を行うことが難しいため、事前の準備や先行実施を行う期間として用意されています。

すでに、移行期間前から独自の取り組みを始めていた学校もありますが、文部科学省が二〇一九年に公表した、全国の自治体で行ったプログラミング教育への取り組みについての調査によると、まだ半数の自治体がプログラミングの授業実施に至っていないことが明らかになりました。二〇一九年度になり、取り組みを行うだけでなく、自治体による研修、実際の授業などを行う学校は増えていますが、特に地方では手つかずの学校も少なくありません。

そうした学校や自治体に向け、文部科学省・総務省・経済産業省が連携した「未来の学びコンソーシアム」（→97頁）では、ポータルサイトで実施事例や教材などを紹介しています。参考にしてみてください。

COLUMN

なぜコンピュータサイエンスを学ばなければならないのか
――東京大学大学院 情報学環・教授 越塚登先生の講演より

二〇一九年一〇月二七日、アジア規模でプログラミング教育のビジョンを考えるカンファレンス「Computer Science World in Asia（主催：特定非営利活動法人みんなのコード、東京大学大学院　情報学環、一般社団法人 新経済連盟）」が開催されました。基調講演では、東京大学の越塚登教授が、プログラミング教育よりもさらに広い領域「コンピュータサイエンス（計算機科学）」を学ぶ重要性について学術的な側面から語りました。

科学は思考の基本原理

学校では科学を教えていますが、科学はなぜ重要なのでしょうか？　近代科学が出現する前は、人々は「賢い人は何でも知っている」と信じていたので、わからないことは賢い人を見つけ出して聞けばよかったのです。しかし、近代科学によって、人類は「我々には未だ知らない重要なことが残されている」、つまり未知の問題があることに気づいたのです。この「無知の知」は重要な発見で、未だ知られていない問題に取り組むために「観察する・実験してみる・証拠を探す・数学的に表現してみる」という科学的手法が出てきました。これは非常に汎用的な手法で、世界のどんな問題にも適用できるものの考え方です。

コンピュータは「万能機械」

コンピュータはここ百年・二百年で最大の発明だと思います。なぜなら、人類がはじめてつくった「万能機械」だからです。基本的に、機械にはだいたい使用目的があって、目的以外のことはできません。ですから、飛行機は空を飛ぶことしかできませんし、自動車は陸を走ることしかできません。しかし、コンピュータは何でもできます。この万能性は、「計算できるものはすべて計算できる」チューリングマシンという数学モデルで証明されています。世の中には計算できない（答えがない）問題もありますが、計算できる（答えがある）問題については、チューリングマシンですべて計算できるというものです※。チューリングマシンをそのまま機械にしたのが、今のコンピュータです。コンピュータの「アルゴリズム、コンピュテーショナル・シンキング、プログラミング」は科学と同じ汎用的な手法なのです。

「考え方」を考えることでどんな問題にも適応

「コンピュテーショナル・シンキング」でもっとも重要なのは、「考え方（How to think）を考える」ことです。電卓とコンピュータ、両方とも計算はできますが、電卓は計算方法を変えることはできません。コンピュータは「計算のしかたを計算できる」ので、計算方法を考え、組みなおし、別の計算方法を用いることができます。違う計算をさせたければプログラムを変えればいい。プログラムで自分自身を書き換えることも可能です。アルゴリズム（計算のしかた）、つまり「考え方」を考えることでどんな問題にも適応できるわけです。

プログラムを書くということは、手順をあいまい性なく記述することになります。ですから多くの日本人が苦手とする「あいまい性なく物事を伝える力」を養うことができます。また、自分でプログラミングできれば「AIを使ったきゅうりの仕分け機械」を制作した農家の小池誠さんのように、自力で小さなデジタル変革を起こして身近な問題を解決することだってできます。

また、デジタル化する世界の中で子どもたちが身を守り、生き抜くためにも、コンピュータサイエンスを学ぶことは必要だと思います。

※ただ、理論的には計算できても、実際にはメモリが有限であるため、計算できない問題もあります。

第2章

小学校プログラミング教育の目指すもの

——プログラミング的思考ってなに？

平井聡一郎＋利根川裕太

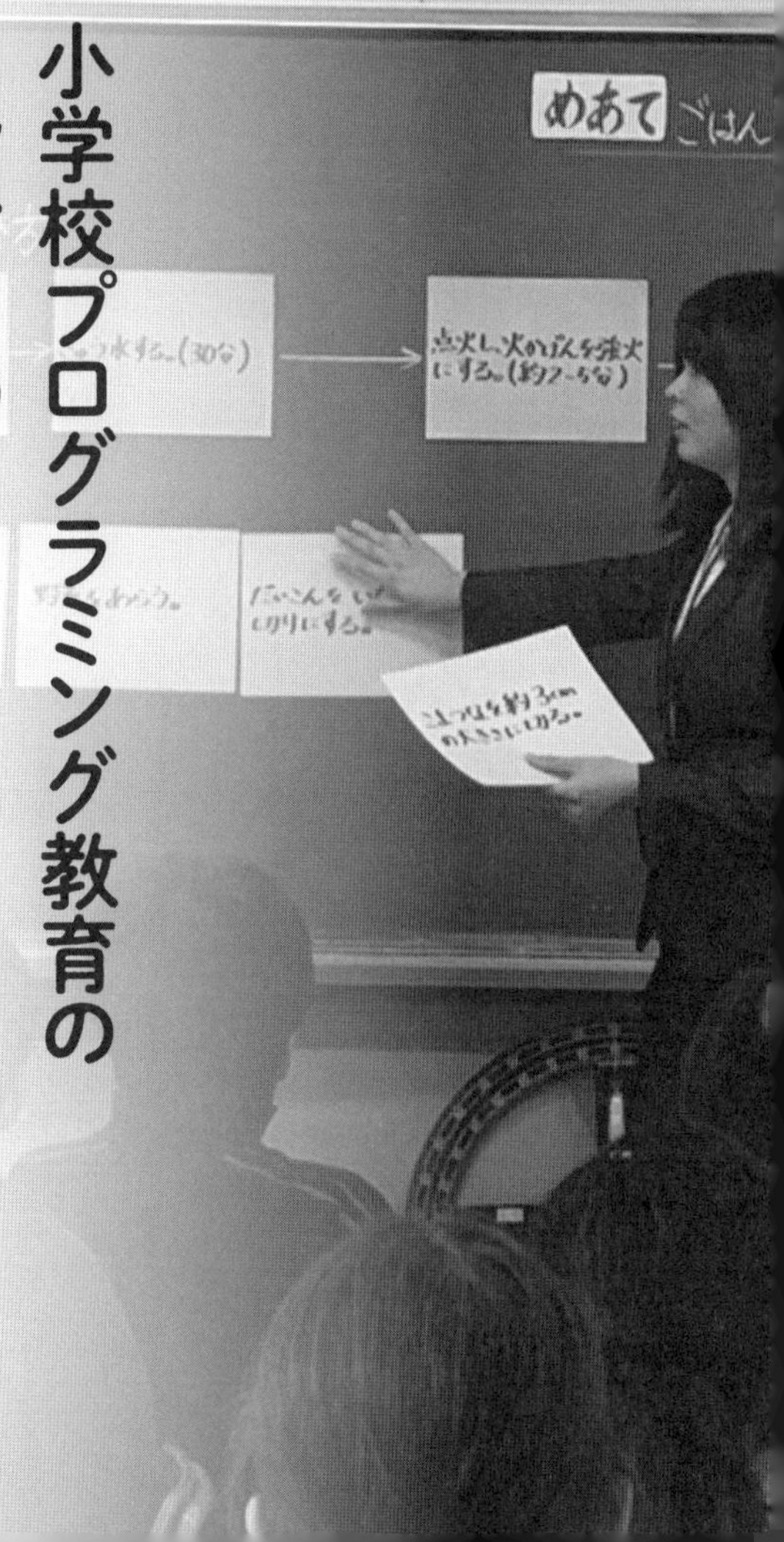

この章では、文部科学省が二〇一八年一一月に公開した「小学校プログラミング教育の手引（第二版）」をもとに、小学校でのプログラミング教育のねらい、そしてキーワードになっている「プログラミング的思考」とはどんなものなのか、わかりやすく解説していきます。

コンピュータについて知り、創造力・可能性を広げる

コンピュータが当たり前に生活の中にある現代社会では、基礎的な知識として、子どものうちからコンピュータについて知っておく必要があります。「小学校プログラミング教育の手引（第二版）（以下、「手引き」と略す）」には、最初に次のように書かれています。

> コンピュータをより適切、効果的に活用していくためには、その仕組みを知ることが重要です。コンピュータは人が命令を与えることによって動作します。端的に言えば、この命令が「プログラム」であり、命令を与えることが「プログラミング」です。プログラミングによって、コンピュータに自分が求める動作をさせることができるとともに、コンピュータの仕組みの一端をうかがい知ることができるので、コンピュータが「魔法の箱」ではなくなり、より主体的に活用することにつながります。

プログラミング教育は子供たちの可能性を広げることにもつながります。プログラミングの能力を開花させ、創造力を発揮して、起業する若者や特許を取得する子

▲コンピュータとプログラミングについて
出典：文部科学省「小学校プログラミング教育の手引（第二版）」より抜粋。

供も現れています。子供が秘めている可能性を発掘し、将来の社会で活躍できるきっかけとなることも期待できるのです。

コンピュータを主体的に活用していくためには、コンピュータの仕組みを知ることが必要です。コンピュータは決して「魔法の箱」ではなく、私たち人間が命令して動かしているもので、その命令をつくることが「プログラミング」なのです。

小学校で体験するプログラミングは、あくまでコンピュータを知る手段のひとつで、プログラミングスキル自体を育てるものではありません。しかし、一方でプログラミングをツールとして使いこなした子どもたちが創造力を育み、可能性を広げていくことも期待されています。

■小学校プログラミング教育のねらい

小学校でのプログラミング教育において、ねらいは大きく分けて三つあります。

1 「プログラミング的思考」を育むこと
2 プログラムの働きやよさ、情報社会がコンピュータ等の情報技術によって支えられていることなどに気付くことができるようにするとともに、コンピュータ等を上手に活用して身近な問題を解決したり、よりよい社会を築いたりしようとする態度を育むこと

3　各教科等の内容を指導する中で実施する場合には、各教科等での学びをより確実なものとすること

▲小学校プログラミング教育のねらい
出典：文部科学省「小学校プログラミング教育の手引（第二版）」

プログラミング的思考

ここで最初にあげられているのが、「プログラミング的思考」です。

プログラミング的思考という言葉は、おもに日本の学校教育におけるプログラミング教育を解説するために使われ始めた言葉で、これまで日常で使われることはほとんどありませんでした。

「プログラミング的思考」とは、「小学校段階におけるプログラミング教育の在り方について（議論の取りまとめ）」によると、『コンピューテーショナル・シンキング』の考え方を踏まえつつ、プログラミングと論理的思考との関係を整理しながら提言された定義」で、

「自分が意図する一連の活動を実現するために、どのような動きの組合せが必要であり、一つひとつの動きに対応した記号を、どのように組み合わせたらいいのか、記号の組合せをどのように改善していけば、より意図した活動に近づくのか、といったことを論理的に考えていく力」とされています。

しかし、「コンピュテーショナル・シンキング」という言葉自体があまり聞きなれないため、すぐにはピンとこないでしょう。「コンピュテーショナル・シンキング」は、コンピュータサイエンスの研究者であるジャネット・ウィング（Jeannette M. Wing）教授が二〇〇六年に発表した『コンピュテーショナル・シンキング（Computational Thinking）』によると、「コンピュータ科学者のように考え、一見困難な問題でもほかの方法に変換することで解決に導くことができる思考法」とあります。ウィング教授は、「この思考法はすべての人に必要な分析能力であり、読み、書き、算術に加えて子どもたちに学ばせるべき」であると語っています。

■物事を分解し、手順を考える

プログラミング的思考は、物事の手順を分解し、それをどのように行っていくかを考えることであり、効率よく物事を進めていくための段取りを考えることです。次のように簡単な言葉で言い換えることもできるでしょう。

①行動を分解する
②パターンを見つける
③大事なことに絞り込む
④手順で並べる

そして、並べた手順で実行し、試行錯誤しながら改善し、課題の解決を目指します。これはコンピュータでプログラミングを行う際に取られている手順ですが、実はプログラミング以外の行動も、プログラミング的思考を用いて考えることができるのです。

プログラミング的思考

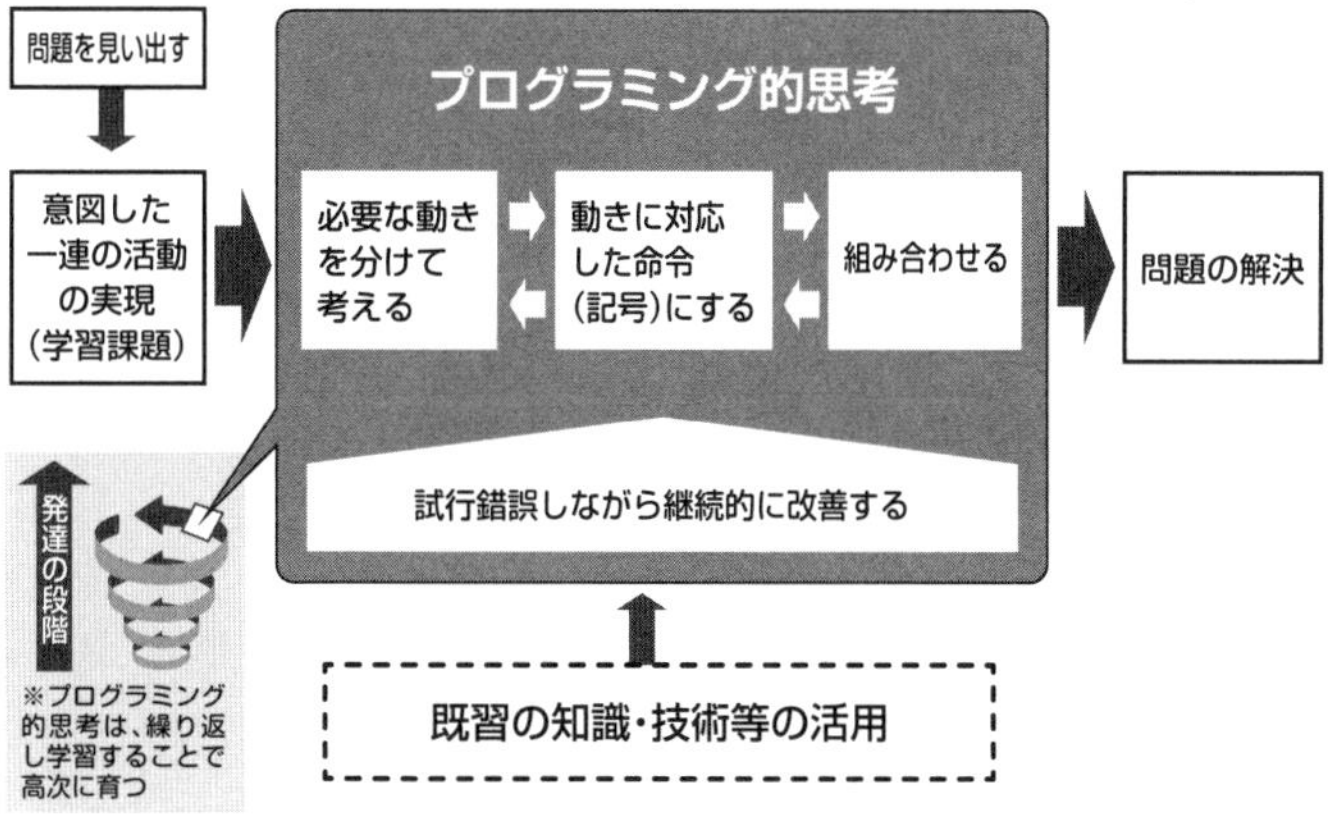

▲**プログラミング的思考**
プログラミング的思考では、問題解決のために、行動を分解し、組み合わせ、試行錯誤しながら改善する。
出典：文部科学省「小学校プログラミング教育の手引（第二版）」より作成。

■日常の行動をプログラミング的思考で考えてみる

理科実験の手順、算数の計算、掃除の仕方、家庭では料理や家事などもプログラミング的思考で考えてみることができます。料理（カレー）の例で考えてみましょう。

［1］つくる料理の材料や使う道具を考える

材料：人参、じゃがいも、玉ねぎ、肉、油、カレールー、水

道具：まな板、包丁、鍋、お玉、へら

［2］料理の手順を考える

通常、野菜を洗う↓材料を切る↓炒める↓水を入れて煮る↓ルーを加えてひと煮込み、といった手順でつくるでしょう。これをさらに分解して考えます。たとえば「炒める」と一言で表していますが、これには次のような工程が含まれているのです。①鍋をコンロに置く↓②油を入れる↓③火を付ける↓④油が温まったら、肉を入れてヘラでかき混ぜる↓④肉の表面の色が変わったら、人参・じゃがいも・玉ねぎを入れてヘラでかき混ぜる↓⑤玉ねぎが半透明になったら炒めは終了。次の工程（水を入れる）へ進む。

次の「煮る」から「ルーを加える」の工程に進むにも、「人参にすんなり串を刺す

ことができたら」というような判断が必要になります。

そして、ご飯の支度はこれだけではありません。カレーをつくりつつご飯を炊く、サラダをつくるといった並行作業も必要になるでしょう。さらに、お風呂の用意をするという家事も同時進行で行うかもしれません。これらを効率よく進めていくための「段取りを考える」こと、これも立派なプログラミング的思考です。このように考えると、家庭でもプログラミング的思考を育むことは難しいことではありません。

■教室掃除のマニュアルづくり

私が実際に行った授業のひとつに、「教室掃除のマニュアルをつくる」というものがあります。教室掃除は、学校生活を送るうえで大事な活動ですが、なかなかうまく進められない課題のひとつです。そこで、グループで教室掃除の手順をすべて書き出して、マニュアルをつくりました。

①掃除での行動を一つひとつ洗い出す
②流れをグループのなかで話し合いながらまとめていく
③グループ同士でまとめたものを交換し、お互いの感想や意見を追加
④意見や感想を参考に掃除手順をまとめ直す

ここで、意見交換から掃除手順をまとめ直すことは、プログラミングでいう「デバッグ※」そのものです。こうした活動をすることで、自分たちで気づかなかったこと、できていることを認識して、よりよい活動につなげていくことができます。

このようにプログラミング的思考は、「プログラミングをするためだけの考え方」ではありません。生きていくなかで直面する問題を解決するための思考法として、身につけていきたいものです。ですから、小学校での学びに、プログラミング的思考を取り入れるこ

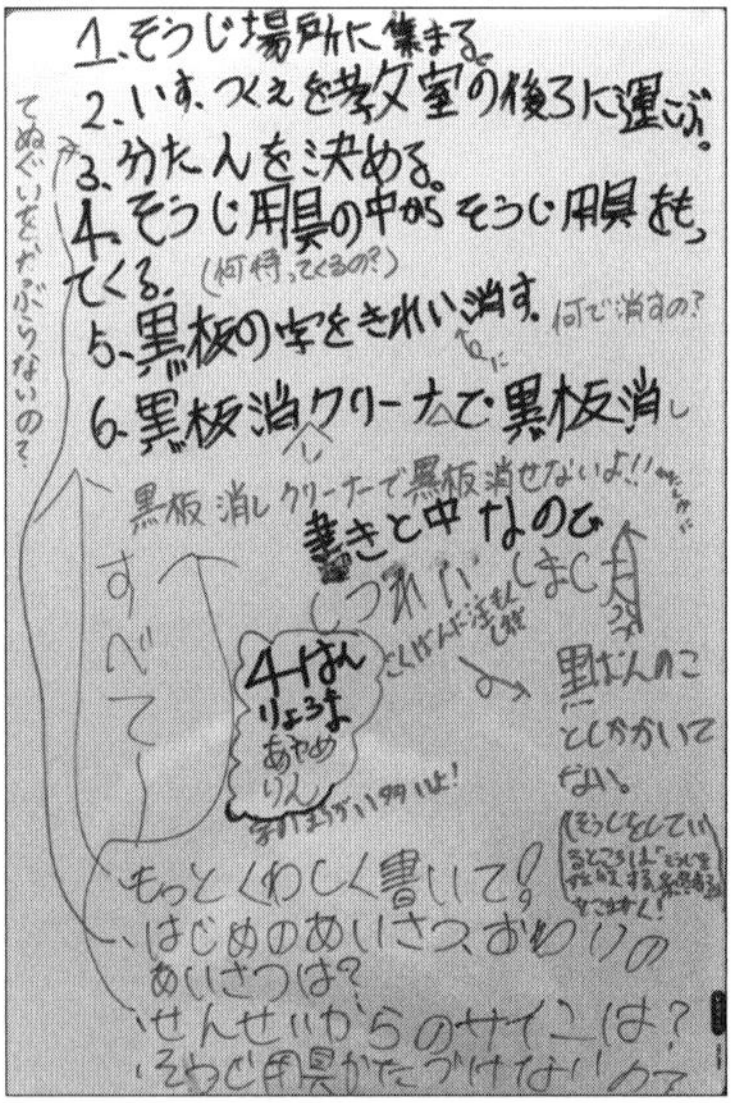

▲教室掃除のマニュアルづくりで書き出した手順
教室を掃除する手順を一つひとつ書き出し、グループで意見交換しながらまとめていった。

※デバッグ
プログラム上の誤りを探して、意図通りに動くように直すこと。

とには大きなメリットがあります。低学年でも、プログラミング的思考で自分のやっている行動を分解し、筋道を立てて考えていく習慣をつけることで、次に取るべき行動の見通しを持つことができるようになるのです。

コンピュータやプログラミングの重要性に気づき、問題解決に生かそうとする態度

ねらいの二つめに書かれていた「コンピュータやプログラミングの重要性に気付く」ことは、すでに家の中にあるあらゆるものがコンピュータで動いて私たちの生活を支えていることに気づき、その大切さを改めて考えることです。

そして、それらのコンピュータは、人間がプログラミングした命令（プログラム）で動いていることを、子どもたちは自分でつくったプログラムを動かす体験を通して学ぶことができます。社会で実際に動いているプログラムが、どういう仕組みになっているかを考えるきっかけにもなります。

また、「コンピュータ等を上手に活用して身近な問題を解決したり、よりよい社会を築いたりしようとする態度を育む」ことも、プログラミング教育を通じて行うとしています。

この点については、ほかの二点と比べ学校現場の先生が軽視しがちな点なので、利根川は全国での講演の際にひときわ力を入れて説明しています。教科の中でのプログラミング活動だけだと、子どもたちが、

「プログラミングで図形がかけるんだね」

「プログラミングで電気の制御ができるんだね」

などと、既存の教科活動の範囲にコンピュータの大きな可能性を矮小化してしまう可能性があるからです。二つめのねらいは、「コンピュータは、現在の社会生活を支える重要な基盤技術である」ことを子どもたちに知ってもらうためのものとご理解いただけると良いと思います。

また、先生から示されたことをやるのにコンピュータを使うだけでなく、第1章で紹介した、クラスの掃除当番表をLINEボットでつくった例は自分たちの問題をプログラミングで解決する好事例だといえるでしょう。

プログラミング「で」教科の学びを深める

そして、ねらいの三つめに書かれているのが「各教科等での学びをより確実なものとす

る」という点です。ここが、小学校のプログラミング教育と、中学高校のプログラミング教育との大きな違いです。

小学校では、あくまで「プログラミング体験を通してねらいを達成する」ことを目標としており、プログラミング「で」学びます。これに対し、中学高校ではプログラミング言語など、プログラミング「を」学びます。つまり、手段と目的の違いであり、この違いを理解することが、プログラミングを教科の中でとりあげるうえで大切になります。

小学校におけるプログラミング教育では、コンピュータやプログラミングを体験し、プログラミングで教科の学びを深め、「プログラミング的思考」を六年間の学校活動のカリキュラムのなかで育んでいきます。プログラミング的思考をどのように取り入れるかは学校や、先生方の裁量にまかされていますが、学習指導要領には、算数、理科、総合的な学習の時間について、具体的な学習活動の内容が明示されています。

プログラミング教育の分類

「手引」では小学校におけるプログラミングに関する学習活動を六つに分け、それぞれの指導例を挙げています。

活動では、「指導例を参考として、『プログラミング的思考』の育成、プログラミングのよさ等への『気付き』やコンピュータ等を上手に活用しようとする態度の育成を図ること」、さらに「各教科等の内容を指導する中で実施する場合には、それぞれの教科等の目標の実現を目指した指導に取り組むこと」が求められるとしています。

この分類が示される以前は同じ「プログラミング教育」という言葉に対してさまざまな学習活動が想定されるため、話が噛み合わないことが多かったと感じています。たとえば企業で実際に働いている方が希望者を対象に放課後にボランティアでプログラミング講座をする場合と、普通の先生が全員を対象に算数の中で学習活動をする場合で目指す姿等が当然ながら異なっていました。この分類によりそれらが整理されたと感じています。おおむねA側が「全員が」「限られた時間」「ベーシックな内容」を実施し、F側が「希望者が」「長時間」「発展的な内容」を実施します。

学習指導要領に沿って行うA、B以外に、各教科とは別に行うC分類の活動があります。実際にどんな活動か、各分類についてくわしく説明していきます。

小学校段階のプログラミングに関する学習活動の分類

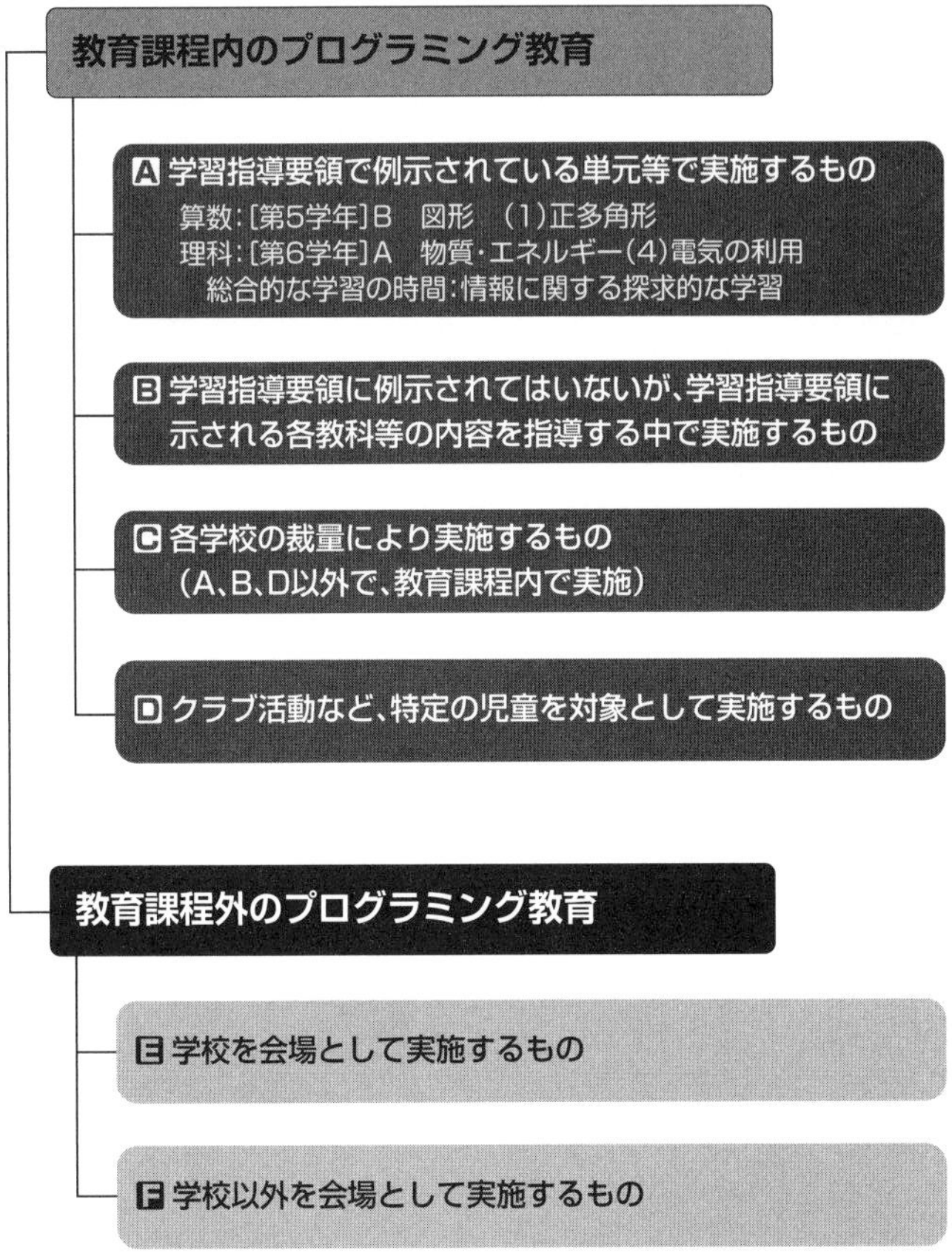
教育課程内のプログラミング教育
A 学習指導要領で例示されている単元等で実施するもの
算数：[第5学年]B　図形　(1)正多角形
理科：[第6学年]A　物質・エネルギー(4)電気の利用
総合的な学習の時間：情報に関する探求的な学習
B 学習指導要領に例示されてはいないが、学習指導要領に示される各教科等の内容を指導する中で実施するもの
C 各学校の裁量により実施するもの（A、B、D以外で、教育課程内で実施）
D クラブ活動など、特定の児童を対象として実施するもの
教育課程外のプログラミング教育
E 学校を会場として実施するもの
F 学校以外を会場として実施するもの

▲小学校のプログラミング教育の分類
出典：文部科学省情報教育課作成「小学校段階のプログラミングに関する学習活動の分類」より作成。

A 学習指導要領に例示されている単元等で実施するもの

A分類は、学習指導要領に単元が例示されている活動で、具体的には、次の三つです。

- **算数：［第5学年］B 図形 （1） 正多角形**
- **理科：［第6学年］A 物質・エネルギー （4） 電気の利用**
- **総合的な学習の時間：情報に関する探求的な学習**

算数と理科に関しては、二〇二〇年度のほぼすべての教科書に記載されていますので、それに沿って進めることができます※。

A分類の中で、指導に迷うのが、総合的な学習の時間での活動です。新しいものが入ってくると、つい総合に入れてしまいがちですが、総合だからといって何をやってもいいわけではありません。「手引」には、三つの指導例が示されています。

- **情報化の進展と生活や社会の変化**
- **街の魅力と情報技術**
- **情報技術を生かした生産や人の手によるものづくり**

※このうち、算数の指導例については、77頁参照。

注目すべきは、すべてが探究課題としての学習となっていることです。ただの体験にならないように、探究的な学習のなかに適切に位置づくようにするため、プロジェクト型、問題解決型といった学習を心がけていく必要があります。

問題解決型としては、先ほど挙げた「教室掃除のマニュアル」などがあります。プロジェクト型としては、「ロボットを使い自動制御のシステムを再現して仕組みを考える」などの課題をつくって実施するものがあります。

■B 学習指導要領に例示されてはいないが、学習指導要領に示される各教科等の内容を指導する中で実施するもの

A分類との違いは、学習指導要領に例示されているかどうかです。「手引」には、総合のほか、音楽、家庭、社会などの指導例が示されていますが、あくまで一例として考え、教科の中で実施できるものであれば、ほかの事例で行ってもかまいません。ただし、Aと同じく、「教科での学びをより確実なものとするための学習活動である」ことは心がける必要があります。

■C　教育課程内で各教科等とは別に実施するもの

A、Bとの大きな違いは、「教科とは別に実施する」ものであることです。さらに、「手引」の第二版からは、次の内容も追加されている点に注目してください。

1）プログラミングの楽しさや面白さ、達成感などを味わえる題材などでプログラミングを体験する取組
2）各教科等におけるプログラミングに関する学習活動の実施に先立って、プログラミング言語やプログラミングの技能の基礎についての学習を実施する取組
3）各教科等の学習と関連させた具体的な課題を設定する取組

ここに書かれている「プログラミングの楽しさや面白さ、達成感などを味わえる」という点は、小学校のプログラミング教育では非常に重要です。特に低学年のうちは、プログラミングの楽しさにつながる体験を行うことで、中学年、高学年へのプログラミング教育へとつながっていきます。

具体的な指導としては、「児童の負担過重にならないことを前提として、各学校の裁量で行うこと」としているため、学校や地域ごとに創意工夫をこらし、すでにさまざまな取

▲C分類についての取り組みイメージ
出典：文部科学省「小学校プログラミング教育の手引（第二版）」

り組みを行っている学校もあります。手引の指導例や、本書で紹介する教材や事例、さらにネットに掲載されている事例紹介などを参考に、ぜひ取り組んでみてください。

■ D クラブ活動など、特定の児童を対象として、教育課程内で実施するもの

Ｄは四年生から始まるクラブ活動など、特定の児童を対象にしたもので、教育課程内で実施するものとなっています。

プログラミングの授業をきっかけに、もっとプログラミングをやってみたいという要望を持つ子どもたちの受け皿として、パソコンクラブなどのクラブ活動は非常に有用です。また、新しい教材を試してみたいとき、いきなり授業で行うよりも、まずは制限の少ないクラブで試してみて、次に授業で行うといった方法もあるでしょう。さらに、パソコンクラブによりプログラミングを得意とする子どもが増え、教室で子ども同士が教え合うことも期待できます。

■ E 学校を会場とするが、教育課程外のもの

Ｅは、放課後の学童や、学校が運営している土曜スクール、ＰＴＡ主催のイベントなど、学校を会場としているものが分類されます。

■F　学校外でのプログラミングの学習機会

家庭での自主的なプログラミング学習、民間のプログラミングスクールなどで行われているプログラミング学習が、Ｆになります。地域ＩＣＴクラブやＣｏｄｅｒＤｏｊｏ※といった地域の活動でも、学校外で行われる場合は、このＦ分類になります。ＥとＦでの活動は特に制限がなく、小学生でもコードを書いたり、実践的なプログラミングスキルを養ったりする活動も含まれます。

プログラミング教育はこれからの学びの土台をつくる

学校でも家庭でも、教師や親は子どもに指示を出すばかりになってしまいがちです。これでは子どもはその指示に「合っているかどうか」が考える基準になってしまいます。答えを求めることが正しいと思うのです。しかし、現実の社会ではただ一つの正解があるわけではありません。今の学校での簡単に答えが出てくるような学びでは、現実の社会のリアルな学びにリンクできないのではないでしょうか。

だから、序章の内容にもつながりますが、新しい学びが必要で、考える訓練というのは、主体的な学びに不可欠な力になるのです。そのベースとなるのがプログラミング教育であ

※ CoderDojo
7～17歳の子どもを対象にしたプログラミング道場。2011年にアイルランドで始まった。日本には194以上の道場がある。

ると言っても過言ではありません。人からの指示を待つのではなく自分で何をやるのかを考え、それを行うために必要なことや段取りを考えることはこれからの社会にますます重要となるだけでなく、生きる力を育むことにもつながっています。

もちろん学校で学ぶ「知識」も大事です。それはすべての基礎であり前提です。しかしこれからの社会は「知識」だけでは対応できなくなるでしょう。その上に自分で創造的に主体的に考える力を加えて、しっかりした土台をつくらなくてはいけません。このベースの部分ができていれば、その上にいろいろな山を築いて登っていくことが可能となります。プログラミングを極めていくことも山のひとつですが、それだけでなく、自分の興味のあることで山を登っていけばいい。ひとつの山がだめでもそこを降りて次の山を築いて登ればいいのです。土台は広く分厚いほどその上に築く山はいかようにもなるでしょう。

私は、プログラミング教育はこの土台の部分に結びついてくるのではないかと思っています。学校では教科という縦割りの中で学ぶ知識がぶつ切りにならざるを得ない現状があります。しかし低学年から段階的にプログラミング教育を行い、小学校六年間でその体験を積み重ねることによって、プログラミング的思考やプログラミング教育で育む資質・能力が着実に身につけられると考えています。さまざまな教科で行うことができるプログラミング教育によって、学んできた知識を結びつける力を培うことができると期待しています。学んだ知識を結びつけること、関連付ける能力はとても大事なことです。それが使える知識になるのです。そして、使える確かな知識は「知恵」に変わります。二〇二〇年度にプログラミング教育が必修化されることは、これを実現できる大きなチャンスだと捉えています。

プログラミングを通して、正多角形の意味を基に正多角形をかく

プログラミング的思考を取り入れた授業を実際にどのように行うのか、みんなのコードが提供している無料のプログラミング教材「プログル　多角形コース※1」を使った例を紹介します。授業の6分類のうちのAとして例示されている、小学5年生の算数「プログラミングを通して、正多角形の意味を基に正多角形をかく」です。

1. プログラミングで正方形をかくことに挑戦します

「前に進む」という命令と「左や右に何度向くか」という命令を組み合わせてロボットに指示を与えることで、図形をかきます※2。

▼プログラミングで、正方形をかく手順

①どんな命令が必要か考える
　どのくらい「前に進む」？ 左右のどちらの方向に、何度向けばいい？
②どの命令を、どんな順序でさせればいいのかを考える
　「“100”前に進む」「右に“90”度向く」の命令を何回行う？
③命令のブロックを組み合わせてプログラミングする
④つくったプログラムを実行し、正方形がかけているか確認する
⑤正方形にならない場合、どこを改善すればよいか試行錯誤して考える

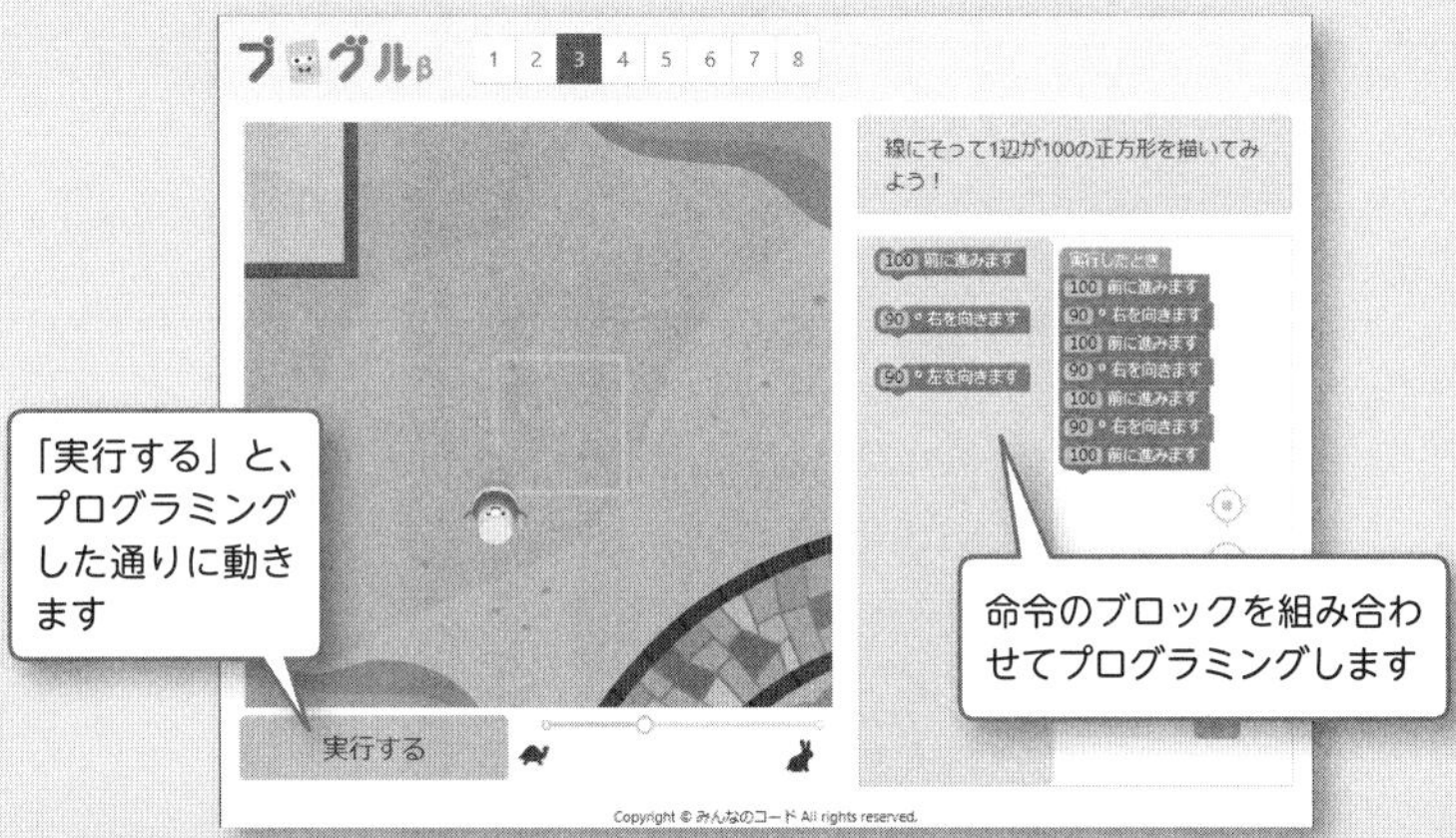

P079につづく

外角にあたるこの角度を
入れないと正三角形は
かけない！
実行したとき
3 回くりかえす
やること 100 前に進みます
60 ° 右を向きます

これは一例ですが、このような授業を行うことで、プログラミングを体験しながら「課題に対して、分解し、パターンを考え、大事なことを絞り込み、手順で並べる」というプログラミング的思考を育むことができます。そして、小学校では外角の定理は習いませんが、こうした指導により、正多角形の性質に自然に気づかせ、教科の中での学びを深めることが可能になります。

さらに角度や繰返し回数を変えていくことで、手書きでは難しい辺の数の多い正多角形などもプログラミングによってかくことができ、正五〇角形や正百角形などと突き詰めていくと円になるということも推測させれば、6年生での学びへとつながっていきます。

プログラミングは失敗しても何度も挑戦できるため、試行錯誤を重ねて正解にたどり着く「最後までやりとげる力」、「達成感による学びに向かう力」などの向上にも結び付くでしょう。

※1 プログル（https://proguru.jp/）「多角形コース」

※2 プログラミングを行う前に、分度器と定規を使い、手作業で正方形、正五角形、正六角形などの正多角形をかいてみてもよいでしょう。手でかいた図形と比較することで、コンピュータと人間の作業の違い、コンピュータでできることと利点についても気づくことができます。

P077からつづき

実行してみて、不正解のときは、「残念、不正解です！」という画面になるので、どこを改善すればよいか考え、やり直してみることができます

2. 繰り返している命令をまとめます

「前に進む」と「右を向く」のブロックをいちいち何度も並べるのは手間がかかり面倒です。これは「繰返し」というプログラミングの仕組みを使うことでまとめられます。このように手順の繰返しをまとめて、簡単に表すことができるのがプログラミングの利点だと気づかせることができます。

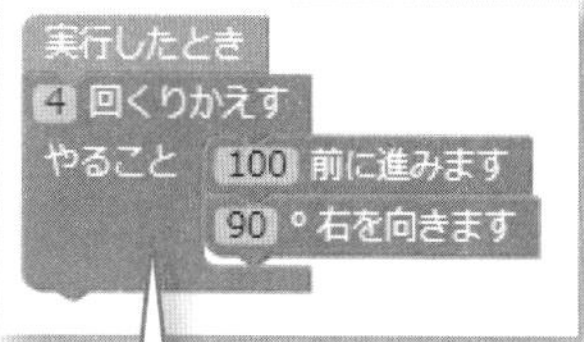

同じ命令を繰り返すときは、繰返しのブロックでまとめられます

3. ほかの正多角形に挑戦します

では、正三角形や正五角形をかくにはどのようにすればよいでしょう。正方形をかいたときと同じようにできそうだ、じゃあ角度を変えてみよう、繰返しの回数を変えてみようと試行錯誤させていきます。

正方形では「90度」だったので、正三角形では「60度」と入れてしまう児童が多いかもしれません。そうするとうまくかけません。このプログラミングでは内角の角度を設定しても正多角形はかけないのです。では何度にすればいいのかということを考えなければなりません。算数の授業なので、180度−60度で120度と式を立てて答えさせるのもいいでしょう。

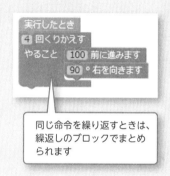

COLUMN

創造力と高いIT技術力を持つ若手クリエーターたち

——未踏ジュニア二〇一九年度最終成果報告会

「未踏ジュニア」は小中高生や高専生を対象に、ITを駆使してイノベーションを創出できる人材を発掘・育成する事業です。二〇一九年度は一二七件の応募の中から選出された十七人（十三件）が、各界で活躍するエンジニア・専門家からの指導や最大五〇万円の開発資金・開発場所の援助など、手厚い支援を受けて一年間、プロジェクトを進めてきました。その中で、特に顕著な成果を残したクリエーターは「スーパークリエーター」として認定され、慶応義塾大学SFCや首都大学東京に推薦枠で出願できます。

二〇一九年一〇月二二日、「身の回りの課題をITで解決させたい」「自分の興味関心を突き詰めたい」と考え、ユニークなプロジェクトを考案した若きトップクリエーターが集結し、自ら発案し取り組んできたプロジェクトの最終成果を発表しました（主催：社団法人未踏）。その中から二名のクリエーターをご紹介します。

手芸する人への支援アプリを開発～武田和樹さん

武田さんは趣味がスクラッチ（Scratch）の中学三年生。母親が編み物を制作する際、編み数を間違えガッカリしながらほどく姿を見て、手芸を手助けするアプリ「編模様（あもーよ）」を開発しました。二〇一八年夏に制作を開始し、NHK「Why!? プログラミング」に出演。アワード部門最優秀賞を受賞しています。未踏ジュニアの支援を受け、アプ

▶武田和樹さん

リはさらに強化。さまざまなユーザーに試してもらい、好評を得ました。武田さんは発表のなかで「これからも、ものづくりをする人を手助けできるモノをつくり続けていきたい」と語っています。

ゲーム「abecobe」で収益化を狙う～浅野啓さん

浅野さんは「スキマ時間にゆったり楽しめるゲームアプリ」を制作する高校二年生。開発しはじめて今年で三年目となり「アプリ甲子園二〇一八」で優勝し、総務大臣賞を受賞しています。未踏ジュニア採択後は「もっとゲームを面白くできる」と考え、ゲームデザインを学びました。そこで、プレイヤーがゲームに「共感」することが大事だと気づき「クリアしたユーザーを褒める」「ブロックに表情をつける」などの要素を増やしました。すでにAppStoreにリリース済みで、会場からは「ターゲティング広告を用いて、他言語の人々にプレイしてもらい、さらに改善してほしい」などの助言もありました。

▶浅野啓さん

未踏ジュニアに採択された日本を代表する若手クリエーターは、ITを駆使することで、自分たちの能力をさらに高めていました。今後、彼らのような人材により、社会に大きな変革をもたらすプロジェクトが期待できるでしょう。

・未踏ジュニア
https://jr.mitou.org/

第3章

プログラミング授業の始め方

利根川裕太

第2章までで、プログラミング教育必修化の意図や背景、そして文部科学省が提示している「プログラミング教育の手引き」やキーワードである「プログラミング的思考」について、細かく解説してきました。といっても、具体的に「何をすればいいのか」と、迷っている方も多いのではないかと思います。

この章では、実際に学校で準備をしていくためのポイントを紹介していきます。おもに小学校の先生に向けてまとめています。

学校の先生がプログラミング教育に向いているわけ

プログラミングの授業を始めるにあたり、「プログラミングの経験がまったくない」ということに気後れを感じている先生方も少なくありません。プログラミングにくわしいエンジニアの方に来てもらって授業をすればいい、来てほしいといった要望もお聞きします。しかし、私は小学校におけるプログラミングの授業は、ぜひ先生にやってほしいと思っています。

小学校の先生は、クラスに性格もバックグラウンドも違う個性をもった子どもが三十人も四十人もいるなかで、一人ひとりがいろいろなことを学んでいけるような指導ができるプロフェッショナルだと思っています。一方、エンジニアはエンジニアリングやプログラミングのプロフェッショナルなスキルは持っているけれど、「対子どもスキル」というものに関しては、まったくの素人です。

私は、小学校で最初に行うプログラミング教育、特に最初の数時間のプログラミングとの出会いは、指導する側がプログラミングスキルそのものよりも、対子どもスキルを持っていることのほうが、うまく授業を進めていくうえで重要だと思っています。

また、第2章でプログラミング教育の6分類についてふれたように、算数や理科といった教科の中にプログラミングを取り入れていく授業もあります。その場合、評価はどのようにするのか、ねらいはどうするのかといった授業設計を行う必要があります。これは、当然学校の先生がやるべきことで、エンジニアの方などに外注できるものではありません。だからこそ、「プログラミングの授業そのものは、ぜひ、学校の先生がやってほしい」と、講演などでもいつもお話しています。

ちなみに、もしエンジニアの方に、プログラミング教育の助っ人をお願いするとしたら、「社会で、どのようにコンピュータが活用されているのか」といったテーマや、「プログラミングスキルを持つことのキャリア」といった話をしてもらうことが適していると考えています。これは、第2章で述べたねらいの二つ目「コンピュータやプログラミングの重要性に気づき、問題解決に生かそうとする態度」に非常に有効につながります。

3ステップでプログラミング教育の準備をしよう

英語とプログラミングは、小学校での新しい教育として引き合いに出されますが、両者には決定的な違いがあります。英語は、教えたことはなくても、誰しもかつて学校で習った経験があります。しかし、プログラミングについては、誰もが習ったり経験したことがあるわけではなく、多くの先生にとって未知の領域といえます。
そこで、プログラミング未経験からの始め方について、話していきたいと思います。

大きくまとめると次の３つのステップになります。

［プログラミング教育をこれから始めるまでの３ステップ］

1．子どものように遊んでみる
2．授業のイメージをつかむ
3．仲間をつくる

まず、子どもに戻って教材で遊んでみて、次に教材を使った授業のイメージを考える、そしてプログラミング教育を一緒にやっていく仲間をつくるという３つのステップです。順を追って説明していきましょう。

■ 1．子どものように遊んでみる

まずは、プログラミングの教材をどれか一つ選び、実際に遊んでみてください。第４章でくわしく述べているように、今はさまざまな教材があります。最初に試してみるのであれば、特に面倒な準備の必要がなく、簡単にパソコン上で始められる無料のソフトウェアなどがよいでしょう。教育イベントなど直接体験できるような場に行って、実際に試してみるのもよいかもしれません。

そのとき大切なのが、「子どもに戻って遊んでみること」です。ついつい本書にも書いてあるような「手引での扱い」や「指導要領にかかれていること」等を意識しがちですが、学校の先生方は、知的好奇心がとても旺盛な方が多いので、その好奇心をフルに解放して、子どもになりきったつもりで思いっきり遊んでみましょう。すると、

「あ、これってこういうふうに使うと面白いんだな」

「こんなことができるんだ」

「これとこれを組み合わせてみたら、どうなるだろう」

といった気づきや感想がたくさん生まれると思います。そのうえで、この教材で授業をやるにはどういうふうにしたらいいのかを考えてみるといいと思います。

2. 授業のイメージをつかむ

教材で遊んでみたところで、できること・できないことがいくつか見えてきたかと思い

ます。そのうえで、この教材を使って授業をやるには、どのようにしたらいいのかを、考えてみます。これが第二のステップです。

授業のイメージがなかなかつかめない方は、第4章で教材を使った実践のポイント、第5章では学校での実践事例を紹介していますので、参考にしてみてください。ただし、これらの記事で概要はわかると思いますが、授業のディテール、教室の雰囲気、間の取り方、子どもの反応などは、どうしても紙面で伝えるのには限りがあります。実際の授業を見るに越したことはありません。それぞれの地域で行われている研究授業や、他校での公開授業などを探して参加してみることは、授業のイメージを掴むうえで非常に有効です。

ほかにも、文部科学省・経済産業省・総務省による「未来の学びコンソーシアム」が運営する「小学校を中心としたプログラミング教育ポータル※」、みんなのコードが提供している「プロカリ」など、実際の事例やカリキュラムが、インターネットで多数公開されています。自治体によっては、その地域のプログラミング授業をまとめた事例集などもあります。「どんな授業ができるのか」と考えつつ、見ていただければと思います。

※97頁のコラム「未来の学びコンソーシアム」参照。

3. 仲間をつくる

次のステップとして、ぜひやっていただきたいのが「仲間をつくる」ことです。

二〇二〇年度からプログラミング教育がすべての小学校で始まります。もはや、学校の中で自分ひとりだけでやらなければいけないものではありません。最初の一歩はひとり

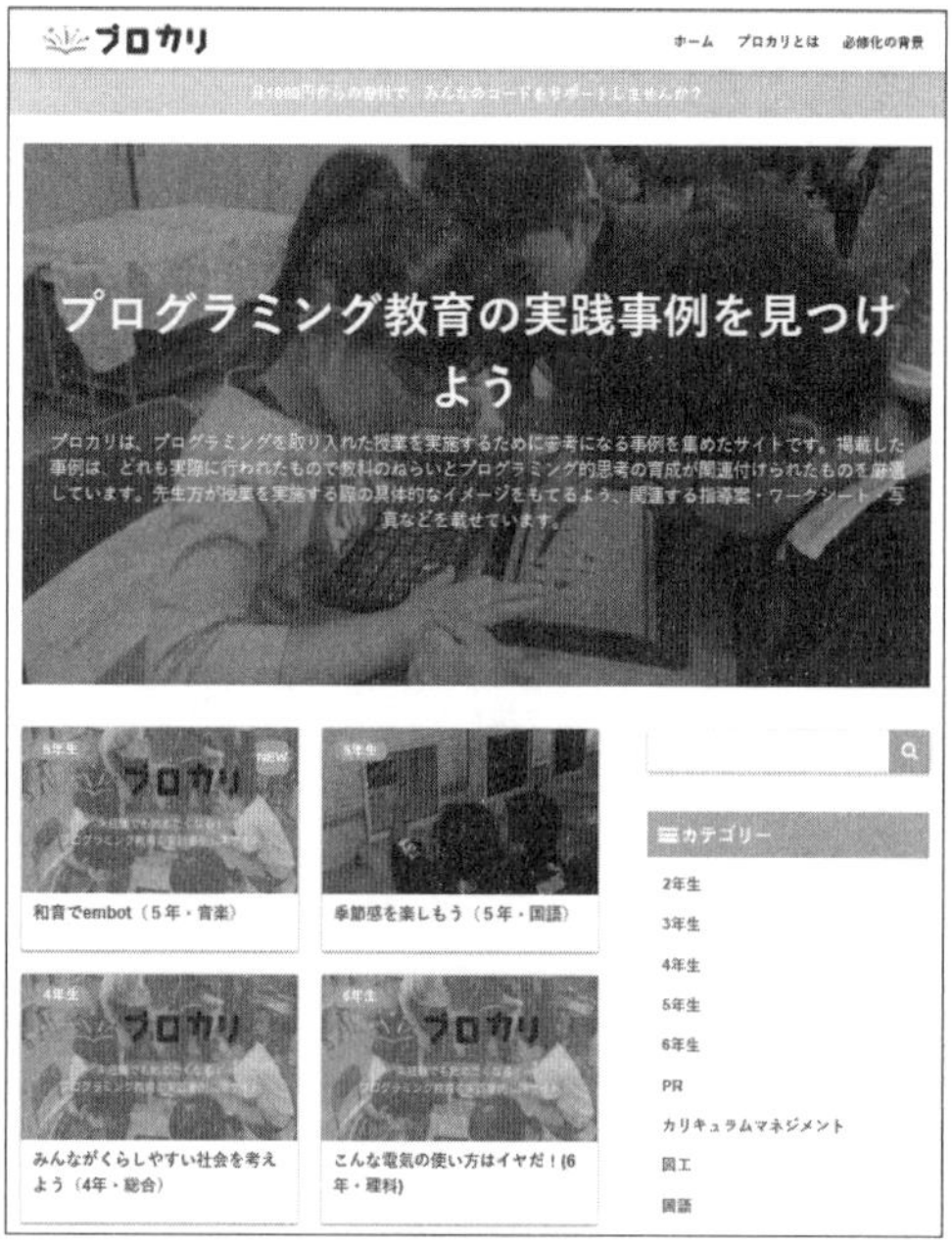

▲「プロカリ」（みんなのコード提供）学年や教科ごとの実践事例や、カリキュラムマネジメントの参考資料を掲載。

プロカリ
https://procurri.jp/

かもしれませんが、学年を組んでいる先生、研究主任の先生、教務主任の先生、校長先生、管理職の先生、そして地域の教育センターや研究会など、周りの先生をふくめて、仲間をつくっていくことがとても大事です。

自分ひとりで抱え込まず、コンピュータやプログラミングが得意そうな先生への「わからないんだけど……」といった気軽な声かけから一緒に始めていってください。一人より二人、二人よりみんなでやっていくことが、学校でのプログラミング教育を円滑に進めていく大きなカギとなります。

ただし、先生の中にはプログラミング教育に対して乗り気でない方もおられるでしょう。そういう方は、最初から無理に巻き込まなくてもよいと思います。私の経験からすると、実際にプログラミングの授業で子どもたちが楽しそうな生き生きとしている姿を見て、

「こんな反応をするんだ」

「こんなふうに変わるんだ」

と感じ、それをきっかけにプログラミングにふれる方も少なくありません。二〇一六年から熱心に取り組んでいたある先生は「プログラミング教育を広げる味方は子どもたち。三年間の結論です」とおっしゃっていました。ですから、最初のうちは得意な方、積極的

な方を誘って、仲間を増やしていくのがよいでしょう。

授業を行ううえでの４つのポイント

ここまでプログラミング教育を初めてスタートするまでのステップをご紹介してきましたが、「自分でさわってみる」「授業を見に行く」「仲間をつくる」といったことは、いってみれば〝インプット〟の段階です。水泳でいえば、準備はしたものの、まだ実際には泳いでいない状態です。

ここまでの準備が整ったら、いよいよアウトプットへ進めます。つまり、子どもたちと一緒にやってみることで、理解が格段に深まります。

実際に授業を行っていくと、うまくいかないこともいろいろ出てくるでしょう。でも、それは次に生かしていけばいいのです。気を楽にして取り組んでください。

授業をスムーズに進めていくための４ポイントをまとめました。

１．平易な事例をやる

先ほど、事例をたくさん見ましょうとお話ししましたが、そのなかから「平易な事例」

を取り入れることです。一番失敗なくできそうなものを選んで実践してみてください。

よくありがちでダメなパターンは、「国語でプログラミングやってください」などと押し付けられ、プログラミング教育の研究授業がちゃんとできていないにも関わらず、授業を行ってしまうことです。これは、まずうまくいきません。

行うのであれば、自分が担当している授業のなかで、いちばんプログラミングと親和性の高そうなものを選んでください。そして、事例については、自分ができそうで、かつもっとも簡単なものを取り入れることをおすすめします。

■2. 事例をアレンジしない

失敗例のその2が、事例を改良した結果、うまくいかなかったというパターンです。「プロカリ」の事例を使った授業で、「改良して失敗しました」という例をよく聞きますので、注意してください。事例は、その時間内に「ねらい」を達成させるために考え、組まれたものをもとにしています。ですから、アレンジしてしまうことで、うまくまわらないこともあります。自己流のアレンジを加えず、事例通りに進めてください。

■3. ICT環境での動作を確認しておく

プログラミング授業のトラブルで多いのが、「機器がうまく動かない」「ネットに接続できない」といった、ICT環境のトラブルです。トラブルのため一人だけ授業に参加できないなどといった状況が続くと、授業の進行にも影響が出ますし、子どもたちにとってもストレスになってしまいます。機器が動作しない場合を考えて、予備を用意しておく、充電のチェックをしておく、インターネットにちゃんと接続できるかどうかテストしておく、授業開始前に教材を開いておくといった準備も事前にしておくとよいでしょう。

■4. 授業と同じことを先に体験しておく

これは「子どもになって遊んでみる」こととは別に、授業として教材を使う場合、実際にきちんとできるのか、事例に沿って最低でも一度は自分でやってみることです。授業の直前でもよいですが、何かトラブルが起こったときに対処する時間がないのは困ります。前日までに体験しておくことをおすすめします。

完璧を求めず、授業を実践してみる

体験からのステップを踏み、準備を整え、いよいよ授業を行います。

子どもたちと一緒に授業を行うなかで、子どもたちの反応はどうだったかとか、進め方はこれでよかったかなどを改めて実感することができます。一回でも授業をやってみると、「こんな感じかな」というのが見えてくるでしょう。ここまでくると、「やらなきゃ」という気負った気持ちもほぐれ、だいぶ肩の荷が降りて気が軽くなる先生が多いようです。

毎日が忙しくなかなか時間がとれない先生にとって、教材を遊んでみることから始めることは大変かと思います。でも、このプロセスこそが、今からプログラミング教育を始めていくにあたって、準備すべき最短の道だと考えます。

ただし、プログラミングは大人より子どもたちのほうが圧倒的に吸収力は高いです。つまり、同じスタートラインに立っても、先生のほうが子どもたちの理解力に追い越されてしまうのは覚悟してください。先生は最初の一歩だけリードしておけばＯＫです。

ですので、完璧を求めずに、とにかく授業をやってみるということが大事です。

フェイスブックのＣＥＯであるザッカーバーグ氏も

Done is better than perfect.（完了することは完璧よりもベター）

だということを言っています。

最後にもうひとつ、私の好きな言葉を、これから頑張っていく皆さんに贈りたいと思います。

Today is the first day of the rest of your life.

「今日という日は残りの人生の最初の日」という意味です。

「今からでは、ちょっと遅いんじゃないかな」「ちょっと今までのんびりしすぎたんじゃないかな」と思っている方もいるでしょう。

私も、二十五歳からプログラミングを始めるのは大丈夫なのかな……と思っていました。でも、そこでためらって立ち止まっているより、少しでも早く始めたほうがいい。この本を読んだ日が「最初の日」です。この本で吸収したことを明日からの行動に還元し、よいスタートをきっていただけることを願っています。

COLUMN

実際に行われた授業の事例満載！ 未来の学びコンソーシアムが運営する「小学校を中心としたプログラミング教育ポータル」

二〇二〇年度からのプログラミング教育実施に向けて、現場の先生たちのもっとも気になるところは、「実際にプログラミングの授業をやるとしたら、どんなふうに授業をやったらよいのだろう」ということでしょう。そんなとき役に立つのが、小学校を中心としたプログラミング教育ポータル」です。このサイトは、文部科学省・総務省・経済産業省の三省と、教育・ＩＴ関連企業・団体等との連携で設立された「未来の学びコンソーシアム」が運営するもので、プログラミング教育の普及・推進を図るためにさまざまな情報を発信しています。

サイトには、教育課程内・外でのプログラミング教育の実施事例、教材情報、関係者へのインタビューなど、小学校プログラミング教育に関する各種情報が集められています。

とくにプログラミングの授業事例は、「まちの魅力PR大作戦」「正多角形をプログラムを使ってかこう」「電気を無駄なく使うにはどうしたらよいかを考えよう」といった教育課程内の事例から「プログラミングによる地域伝統芸能復興」まで、幅広い内容の事例が掲載されています。学習活動の分類（Ａ～Ｆ）ごとに選択表示で

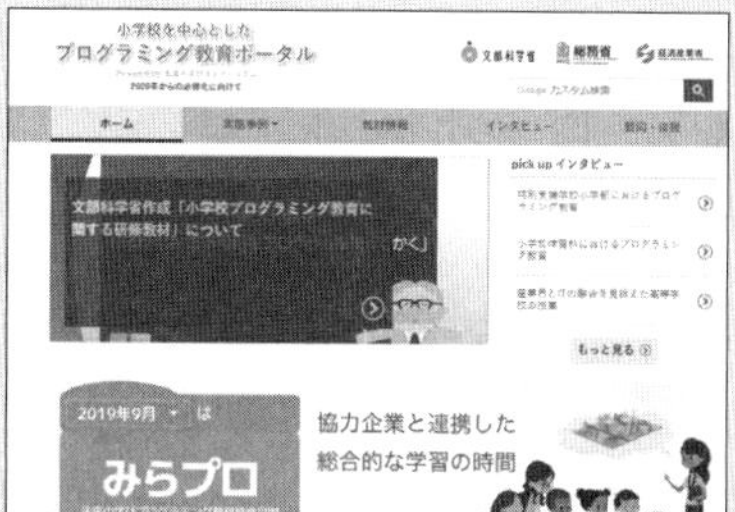

▲ 小学校を中心としたプログラミング教育ポータル

出典：小学校を中心としたプログラミング教育ポータルPowered by 未来の学びコンソーシアム（このコラムの図すべて）

https://miraino-manabi.jp/

きるだけでなく、活動分類によっては対象学年、対象教科など、さらに細かい条件を追加することも可能です。

具体的な事例紹介のページでは、単元や題材の目標、単元や題材で学習する内容、プログラミング体験を学習に取り入れることによりどんな気づきや理解があるのか、など、授業の骨組み部分を確認することができます。

学習指導計画の詳細も確認できます。事例紹介ページにそのまま掲載されている場合もありますが、多くは参考添付資料の欄にPDFファイルや別サイトへのリンクとして載っています。実際に作成した教材のファイルや配布プリントが上がっていたり、参考資料のリンク先から授業風景の動画を視聴できたりする事例もあります。

非常に盛りだくさんの内容ですので、すべてを見ていくのはなかなか大変です。ざっとどんな事例があるか確認したあとで、自分がやってみたい、興味のある活動を一つ選んで、じっくり見てみましょう。

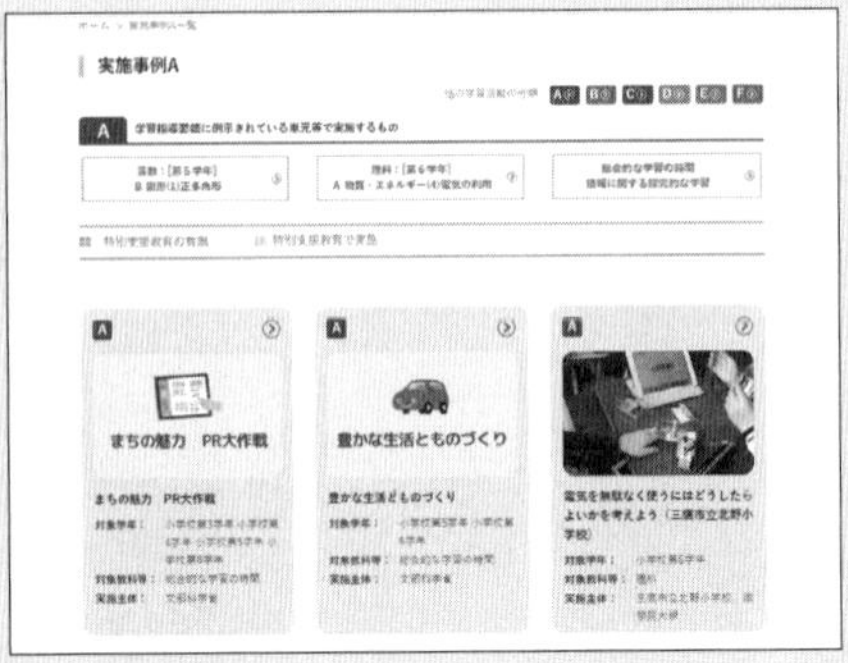

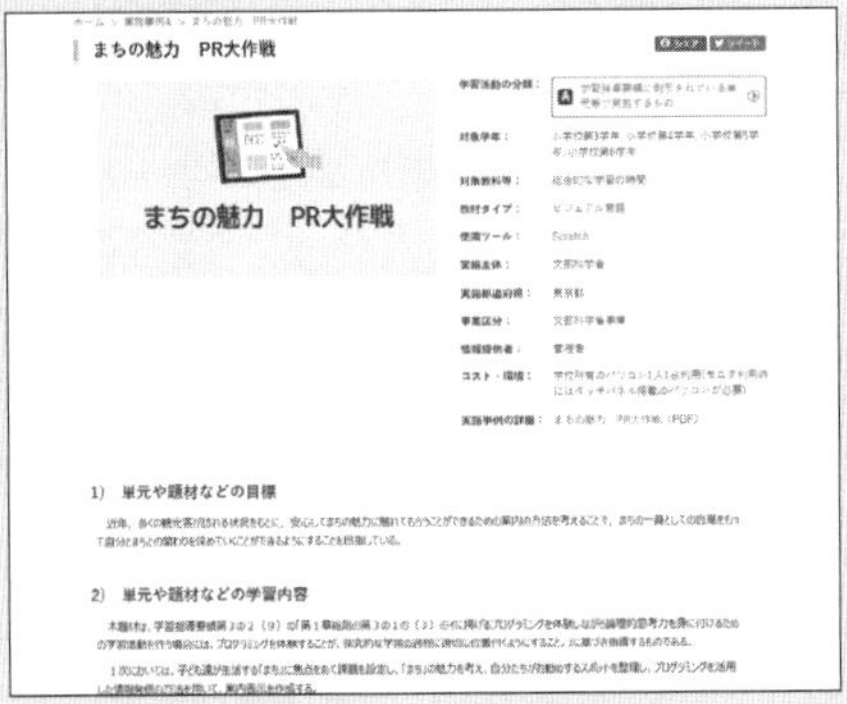

▲ 事例紹介ページには、活動事例の概要が載っています

COLUMN

すべての子どもたちに、テクノロジーを通し自己実現できる環境を！

──石川県加賀市とコンピュータクラブハウス加賀の取り組み

コンピュータクラブハウスは、世界一九か国に約一〇〇か所ある米国発祥の子ども向けコミュニティスペースです。子どもたちが自宅や学校以外の場所で、「いつでも」「安全に」「テクノロジーにふれられる」場として無償で公開されています。日本では、二〇一九年五月に加賀市に開設された「コンピュータクラブハウス加賀」が初の試みです。運営は、加賀市とプログラミング教育で連携しているＮＰＯ法人みんなのコードです。

加賀市がコンピュータ教育に力を入れ出したのは、二〇一六年のこと。石川県にある金沢以南の自治体で唯一、消滅可能都市と指摘された加賀市。危機感を感じる宮元加賀市長が打ち出したのが「人材育成」の方針です。自治体はやっぱり人。時間がかかっても、遠回りでも、子育て支援と教育に力を入れよう。急激に変化する世界の中で、次代を切り拓くことのできる子どもたちを育てていこう。その一環として「加賀市でプログラミング教育をやりたい」と市長自らが東京渋谷（当時）のみんなのコードを訪れました。

三か月後に「アワー・オブ・コード（Hour of Code →227頁）」の体験会を実施、加賀市プログラミング教育プロジェクトが立ち上がりました。二〇一七年度からは日本初となる小中学校で「総合的な学習の時間」に年間五時間以上の学習を導入するなど、さまざまな取り組みが実施されています。

二〇一九年五月には、日本初の「コンピュータクラブハウス」が開設されました。資金の調達方法は、ふるさと納税を活用したクラウドファンディングです。

コンピュータクラブハウス加賀の目指すところは、「すべての子どもにあらゆるテクノロジーを用いる選択肢を提供し、自己肯定感を感じられる場所を提供する」こと。学校や家庭での居づらさを感じている子どもたちも含めたすべての子どもたちが、技術を身に付けるだけでなく、クラブハウスでの活動を通して、自分の考えを表現することの楽しさや自分に対する自信・自己肯定感の高まりを感じることができる、そんな場所づくりです。

子どもたちは、興味のおもむくまま、楽しみながらテクノロジーにふれるなかで、大人もびっくりするほどの作品をつくることが多々あります。そこから一人ひとりの無限の可能性、得意なことや隠れた才能を発掘し伸ばしていくきっかけが生まれます。また、ディスレクシア（識字障害）やさまざまな理由から学校に通っていない子なども、定期的に通っています。既存の学校教育では居づらさを感じる彼・彼女らにとっても、コンピュータクラブハウスは存在感を認められ自分の好きなこと・得意なことに取り組める居場所になっています。

▲コンピュータクラブハウス加賀で活動する子どもたち

オープンして半年、クラブハウスには加賀市内外からいろんなタイプの子どもたちが訪れています。地元のお祭りＰＲ動画をつくるため、毎週のように通ってくれる小学三年生の男の子がいたり、プログラミング言語「Ｊａｖａ」をきっかけに開発について意見を交わす小学五年生と高校一年生がいたり。コンピュータクラブハウス加賀は、学校教育や年齢の枠を越え、お互いを磨きあう交流の場所として機能しはじめているようです。

・コンピュータクラブハウス加賀
https://computer-clubhouse.jp/

第4章

プログラミング教材の選び方と実践方法

平井聡一郎

本章では、プログラミング教材の選び方、そしてその教材を活用したプログラミングの教え方を解説していきます。

プログラミング必修化の発表以降、プログラミング教材は年々増え続けています。以前の教材は画面の中だけで完結するソフトウェア中心でしたが、近年ではロボットやブロック、楽器、ゲーム、玩具といったジャンルにまで及んでいます。また、教材の対象年齢も広がり、未就学の幼児でも楽しめる教材も増えている傾向にあります。そのため、「どの教材を選んだらいいのかわからない」といった声も少なくありません。

そこで、小学校におけるプログラミング教育の教材として使いやすく、実際に私も使っている教材をご紹介していきます。

教材はあくまでも「ツール」であることを忘れない

プログラミング教材は、大きく分けて三つのジャンルがあります。「アンプラグドコンピュータサイエンス」「ビジュアルプログラミング」「フィジカルプログラミング」です。それぞれの特徴を、具体的な教材とともにくわしく解説していきます。

解説の前に、まずおさえておきたいのは「プログラミング教材はメインではない」ことです。プログラミング教材はあくまでツールであり、授業のための素材です。そのため、教材に頼った授業ではなく、この教材を使ってどんな授業ができるのか、子どもたちが自由に活用できるかを考えてください。

つまり、「手段」と「目的」をとり違えた授業にならないようにすることが大切ということです。

日常的に取り組める「アンプラグドコンピュータサイエンス」

「アンプラグドコンピュータサイエンス（以下、アンプラグド）」はコンピュータがプラグにつながっていない状態、つまりコンピュータを使わないプログラミングのことです。

たとえば、第2章で紹介した「教室掃除のマニュアルをつくる」ことも、アンプラグドに分類されます。掃除や料理といった身近なものをテーマにして、アンプラグドで考えることは、日常で論理的に物事を考える練習になります。ほかにも、スクラッチ※などで作成したプログラムの動きを、実際に身体で表現することなども考えられます。きちんと指導すれば、プログラミング的思考を育む導入の授業に向くでしょう。

アンプラグドのメリットは、パソコンやタブレットなどを使わなくても実施できるため、最初の準備が簡単なこと、導入費用をおさえられることにあります。特に先生方がプログラミングに慣れていない現状をふまえると、初期段階として学校全体で取り組むことが、プログラミング教育の導入に有効だと言えるでしょう。

アンプラグドは思考活動なので、すべての教科の授業に取り入れることで、子どもたちは授業の中で自然と「考える力」を養うことができます。まさに、アンプラグドを取り入れることはプログラミングに関係なく、学校の授業、つまり「学びそのもの」を変えることができるのです。アンプラグドでプロセスを重視した思考活動をすることは、ある意味、各教科等の学びを支える「日常的な学習活動」と言えるでしょう。今後、アンプラグドが浸透していく中で、特段「プログラミング体験」などとは言わずに、日常的に実施されることを望んでいます。

※108頁参照。

■アンプラグドの教材例

アンプラグドの授業をする場合、子どもたちが考えた結果を記録できる教材を必ず用意してください。ホワイトボードのように、子どもたちが簡単に書いたり消したりでき、黒板にも掲示できるようなものがあると便利です。たとえば、協働学習用の「まなボード」はクリアシートの中にワークシートを挟めるため、シンキングツールとして有効です。

ほかにも「ルビィのぼうけん※」を代表とする絵本やボードゲーム、カードゲームでプログラミング的思考を学べます。学年によっては、コンピュータを使わずにロボット本体にプログラミングできる「プログラミングロボット」も授業に使われます。

▲まなボードで図形の見分け方をフローチャートにかく。

まなボード
http://www.izumi-cosmo.co.jp/manaboard/
泉株式会社

※121頁参照。

アンプラグドだけに頼らない

アンプラグドの授業で注意しなければいけない点は、コンピュータにふれる経験のない先生ほど、アンプラグドに走りがちなことです。アンプラグドはあくまで、プログラミング教育の入り口にすぎません。つまり、アンプラグドというベースのうえに、実際のプログラミングが展開されると考えていいでしょう。

「手引き」でも「児童が『コンピュータを活用して』自らが考える動作の実現を目指して試行錯誤をくり返す『体験』が重要」「プログラミング教育全体において児童がコンピュータをほとんど用いないということは望ましくない」と明記されています。また、学習指導要領でもプログラミング教育の実施について、「児童がプログラミングを体験しながら、コンピュータに意図した処理を行わせるために必要な論理的思考力を身につける」と示されていることから、アンプラグドだけに頼ってしまうことのないよう、心がけてください。

直感的にプログラミングできる「ビジュアルプログラミング」

プログラミング教材として使われるソフトウェアは、「ビジュアルプログラミング」と呼ばれる、子ども向けのプログラミング学習アプリやネット上のサービス、プログラミング言語が大半を占めています。コンピュータやタブレット上で動作するもので、画面の中で完結します。「ブロック型」「タイル型」と呼ばれるものもあります。

ビジュアルプログラミングは、命令（コード）を自分で打ちこんでいくテキスト形式ではありません。そこが、プログラマーが使うようなプログラミング言語と大きく違う点です。あらかじめブロックやタイルのような形をした命令が用意されており、それらをつなげてプログラミングしていくのです。

無料で利用できるものが多く、子ども用にわかりやすくつくられているので、導入しやすいことがメリットです。また、パソコンやタブレットがあれば、プログラミングができるため、学校のパソコン教室での指導はもちろん、家庭のパソコンやタブレットでも、これらの教材で自主的に学べます。

ただし、最近のビジュアルプログラミングの多くは、利用にインターネット環境を必要とします。学校によってはネット環境の規制が厳しかったり、ネット環境が整っていなかったりして、利用できないこともあるでしょう。導入前に、自分の学校で利用できるか、実際の動作が遅くないかなどを確認してみてください。

■ビジュアルプログラミングの教材例

代表的な教材は、「スクラッチ(Scratch)」や「ビスケット(Viscuit)」、「プログル」が挙げられます。その中で、もっとも利用者が多いのがスクラッチです。スクラッチの利点は、比較的操作を覚えやすいこと、工夫次第ではゲームからツールまでさまざまな作品をつくったり、ほかのハードウェアと連携できたりすることです。スクラッチを使った授業事例や参考書籍が、ほかの教材と比べて圧倒的に多いことも指導には役立ちます。

「プログル※」は算数や理科の単元に特化したプログラムが用意されているので、先生自身がプログラミングにあまりくわしくなくても、簡単に授業の中に取り入

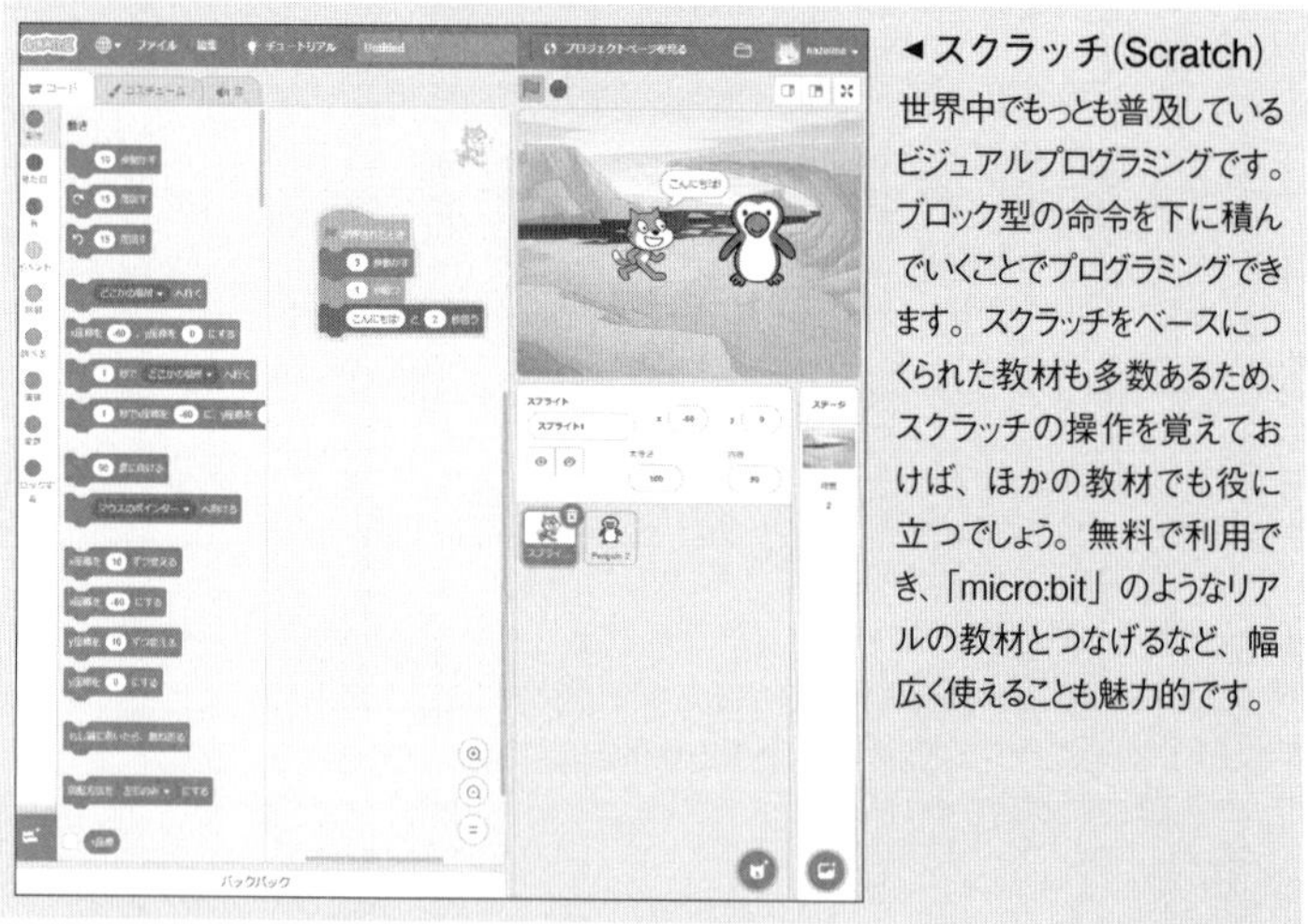

◀スクラッチ(Scratch)
世界中でもっとも普及しているビジュアルプログラミングです。ブロック型の命令を下に積んでいくことでプログラミングできます。スクラッチをベースにつくられた教材も多数あるため、スクラッチの操作を覚えておけば、ほかの教材でも役に立つでしょう。無料で利用でき、「micro:bit」のようなリアルの教材とつなげるなど、幅広く使えることも魅力的です。

https://scratch.mit.edu/
MITメディアラボ

※124頁参照。

れることができます。高学年でA分類の授業をしたい場合には、もっとも使いやすい教材です。

■英語活動ではソフトウェアを「英語設定」で利用する

これらのビジュアルプログラミング教材を使用する場合、普段は日本語設定でプログラミングするでしょう。しかし、今後は英語活動として、「英語の設定でプログラミングする」ことも視野に入れましょう。各種言語はもともと海外で作られたものですから、オリジナルは英語表記です。これらを使ってプログラミングすれば、コマンド（命令）の意味を英語でダイレクトに理解することになり、英語の語彙力が高まると期待できます。

■注意！ 教師の操作をただなぞる「写経」はＮＧ

ビジュアルプログラミングでは、子どもたちのクリエイティブな力を無視して、操作を覚えることや決まった作品をつくることが目的にならないように注意してください。たとえば、プログラミングの授業でもっともやってはいけないのが、先生が決めたプログラムを作るために、ひたすら操作するだけの授業にしてしまうことです。私はこれを「写経」と呼んでいます。何も考えずに黙々と指示された操作をするだけのプログラミングは、プログラミング的思考も育たず、子どもたち自身のクリエイティビティ（創造性）が入る余地もありません。

残念なことにこうした授業は少なくないです。スクラッチを開発したMITラボのMitchel Resnick氏も、写経のような指導に大変危機感を抱いており、「このような作業を続けた子どもたちは、スクラッチの操作はいくらか覚えたかもしれないが、それだけにすぎない」と話しています。

リアルのモノと連動させる「フィジカルプログラミング」

フィジカルプログラミングは、画面上のプログラミングソフトと外部装置を接続して動かすものを指します。たとえば、ブロックを組み立ててつくったロボットや完成したロボットを制御するもの、「マイクロコンピュータ」と呼ばれる小さなコンピュータと連動させるものなどが挙げられます。

実際に動くため、画面の中だけで完結するビジュアルプログラミングよりもわかりやすく、子どもたちの興味関心を引きやすい点が特長です。また、現実のロボットを使うことで、「プログラミングによってコンピュータはどのように動くのか」を、よりわかりやすく学ぶことができます。画面上ではうまくいっていたプログラムが現実のロボットを使うとうまくいかない、などの壁にぶつかることで、新しい学びにもつながります。

■フィジカルプログラミングの教材例

おもに使われる教材は、次のようなものがあります。

- 球体型のロボット「スパークプラス（SPRK＋）」や「スフィロボルト（Sphero BOLT）」
- ブロックでロボットを組み立ててプログラミングする「アーテックロボ」「教育版レゴマインドストームＥＶ３」

また、近年では、イギリスの公教育でも採用さ

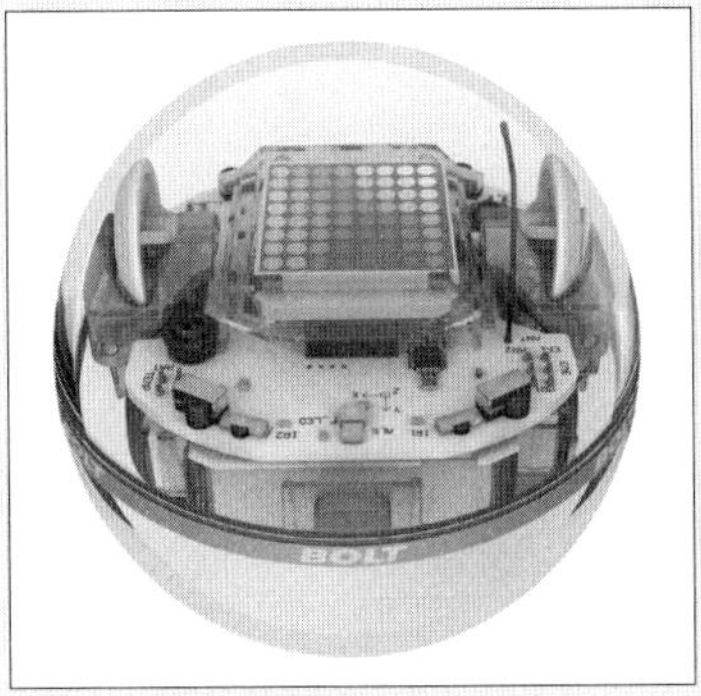

◀スフィロボルト（Sphero BOLT）
手のひらにのる球型のロボットです。無料の専用アプリ「Sphero Edu」により「ラジコン操作／指で軌道を描く／ブロック型プログラミング／テキストプログラミング」で操作できます。防水仕様なので、ロボットに絵の具を塗り白い紙の上に転がすこともできます。算数や理科、図工や美術、特別支援でも活用できるでしょう。また、丸くてかわいい見た目をしているので、ロボットを敬遠してしまう方でも取り組みやすいことも特長の１つです。

https://sphero-edu.jp/
Sphero

れているマイクロコンピュータの「マイクロビット（micro:bit）」が安価で活用の幅が広いため、注目されています。マイクロビットは多くのセンサーやモータを簡単に制御できるので、小学校段階からその活用が期待されます。また、教育用ドローンを使った授業も始まっています。ただし、いずれも教材の導入にはある程度の予算が必要です。また、ハードウェアの管理がネックとなります。

　フィジカルプログラミングの教材は、ソフトウェアと連携させることにより、さまざまな授業に活用できます。たとえば、プログルとマイクロビットを連携させることで理科の電気の単元を実験できます※。これからプログラミングの授業を行う先生にとっては、手軽に導入できる頼もしい教材になるでしょう。

◀マイクロビット（micro:bit）
マイクロビットは小さなコンピュータで、25個のLEDと加速度センサー、磁気センサーを搭載。さらに、マイクロビット同士の無線通信もできます。日本の教育現場での活用事例はまだ少ないですが、図工でセンサーやLEDを使った作品をつくるなど、さまざまな授業での活用が期待されます。比較的安価で入手できることも注目を集める理由の１つでしょう。

https://microbit.org/ja/
BBC（英国放送協会）

※228頁参照。

プログラミング教材を選ぶポイント

プログラミング教材を選ぶ際、いくつかの大事なポイントがあります。このポイントは、実際の授業である程度教材を使ってみないと、なかなか気づけません。事例などを見てもわかりにくいでしょう。これから始める方は、ぜひ注意して教材を選ぶようにしてください。

■プログラミング教材は体験してから選ぼう

どの教材を選ぶ場合でも大事なことは、導入する前に「必ず自分で使ってみる」ことです。もちろん、本書をはじめとした資料を参考にすることは大切ですが、実際に自分でさわって、体験することが選定には欠かせません。教材カタログだけを見て、「よさそうだな」と決めてしまうことはできる限り避けましょう。

「本当に自分が使いこなせるのか？」
「使い勝手はどうなのか？」

これらを事前に確かめておくことが重要です。

また、体験するときに操作性や指導内容との関連をチェックするのはもちろん、「複数台使用するときの管理」のイメージをつかむこともポイントです。次項で管理面についてくわしく解説しますが、たとえば、細かい部品が多くて収納時の確認が大変ではないか、電池交換や充電といった日常の管理業務が簡単にできるか、などのチェックが必要となります。パーソナルユースであれば、ネジを外して電池交換することも簡単ですが、十台、二十台となるとストレスになりますよね。また、筐体が堅牢であることも重要です。

しかし、こういう試用をしたいと思っても、プログラミング教材には一般の店舗で取り扱っていないものもあります。教育イベントやワークショップ、公開授業など、教材をじかに見たり、ふれたりする機会を探して、ぜひ体験してみましょう。できれば、実際に使っている先生や子どもたちから、指導に必要な時間や使用感を聞くことができるといいですね。選定の参考になります。その場合でも、実際の管理について質問しておきましょう。ほかにも、ネットに公開されている動画を見ることで、ある程度のイメージをつかむことはできます。

■ 管理が大変なものは注意

ブロックを使った教材は多くの子どもたちが親しんでいて、ロボットプログラミング教材としての実績もあり、ＳＴＥＡＭ※につながる非常に優れた教材です。しかし、その一方で一つひとつのブロックが小さく、管理が非常に大変です。授業が終わった後に「ブロックが足りない！」などのトラブルもしばしばみられます。日常業務の中で、先生が管理できるのか、授業で子どもたちがパーツをなくすことがないか、といった点も留意してください。

また、ロボットなどのデジタル教材は充電や電池交換が不可欠です。コンピュータやタブレットについては一括で充電するステーションを導入している学校が多いため、比較的充電に問題はないでしょう。しかし、フィジカルプログラミングの教材は稼働時間が短くても、頻繁に充電や電池交換が必要なものがあります。実際にやってみるとわかるのですが、数十台の教材を一台ずつ充電管

※ＳＴＥＡＭ教育
ＳＴＥＭは「Science（科学）、Technology（技術）、Engineering（工学）、Mathematics（数学）」の略で、ＳＴＡＥＭはこれにArt（芸術）を足したもの。文部科学省はＳＴＥＡＭ教育を「Science,Technology,Engineering,Art,Mathematics 等の各教科での学習を実社会での課題解決に生かしていくための教科横断的な教育」と定義している。

▲ BOLT の充電装置。同時に15台の充電ができる。

理することは煩雑でストレスを伴います。また、充電が完了するまでに数時間かかるものもあります。導入前に、充電の管理などもあわせて確認しておくことが大切です。

■準備に時間のかかるものは避ける

優れた教材であっても、操作を覚えるのに時間がかかるもの、子どもたちが使い始めるまでに準備が必要なものは、あまり授業には向いていません。操作に慣れるために準備時間を確保できればいいですが、四十五分という授業時間内で、教科の学びを達成するためにプログラミング教材を使っているのであれば、操作自体の説明や練習に使える時間はほとんどありません。そのため、「子どもたちが直感的に使えそうな教材」を選ぶことが必要です。目安としては、「授業の中で、使用方法を教えながらでも学習できるもの」「説明をほとんどしなくても、子どもたちが使っていくことで直感的に理解しやすいもの」などがいいでしょう。

もし、どうしても習熟する必要がある教材を使いたい場合は、C分類としてプログラミングを体験する中で操作に慣れてから、AやB分類の授業に活用するという方法もあります。また、学校にパソコンやタブレットが一人一台ずつあれば、休み時間や昼休み、授業の残った時間などを使って、子どもたちにスクラッチなどのソフトウェア教材を自由に使わせるのもいいでしょう。マイクロビットも安価でかつ小中学校で継続的に使用できるので、個人持ちの教材になる可能性があります。

このような働きかけをすることで、プログラミングが好きな子、得意な子はどんどん上達していくでしょう。子どもたちが自主的に学んで使い方を覚えるだけでなく、プログラミングがわからない子に教えるといった「学びあい」の効果も見込めます。

■必ず予備の機材を用意する

フィジカルプログラミングの教材は、すべての機器が問題なく動くとは限りません。むしろ、まったくトラブルなく進むほうがめずらしい場合もあります。先生がいちいちトラブルに対応していると、その間は授業が止まってしまいます。そんなことにならないように、予備の機材を用意し、すぐに代替えできるように準備しておくことが大切です。

パソコンやタブレットも同様で、数十台のうち一台だけが強制終了などをくり返し、うまく動作しないケースも少なくありません。そのような場合も、すぐに使える余分の機材を用意しておくことで対応できます。

はじめは「Start Small」から

第2章でもお伝えしたように、教材を決めて導入したら、まず先生自身が試してみることです。さわって、遊んでみて、実感すること。これこそが、プログラミング教育で、先生が最初にやるべきことだと考えています。

先生方がプログラミングの指導に慣れてくれれば、指導内容に適した教材を選べるようになります。しかし、今はプログラミング教育の黎明期。まずは教材で遊んでみて、どんなことができそうかイメージをつかむことが大切です。そのうえで、その教材を使った学習ができそうな教科を探してみてください。この際、プログラミングを活用できそうな教科や単元を洗い出す活動は、ぜひ学校全体で取り組みましょう。つまり、一年間の指導計画の中で、どこでプログラミングを取り入れることができるのか、どんな学びが期待できるのかを、担当者が自分一人で考えるのではなく、ほかの先生と一緒に考えるのです。こうすることで、プログラミング教育に関わる人が次第に広がっていき、学校全体の取り組みになっていきます。

また、授業を行う際に大切なことは「欲張らないこと」です。講演などで皆さんにお伝えしていることのひとつに、

「Think Big, Start Small」

という言葉があります。これはスタートアップやビジネスの世界でよく使われている言葉でもありますが、プログラミング教育においても、同じことが言えると思います。最初は小さなことからでも構いません。できることから少しずつやっていくこと。そして、「こんなふうにしていきたい」というゴールのイメージを持って進めていくことが大切です。コンピュータやプログラミングに苦手意識を持つ先生に注目し、そのような先生が「こんなんでいいんだ」「これならできそう!」と思ってくれるようにしましょう。

そのために、とにかく授業を行うところまで進めていくことです。最初は一部の先生でいいので、実際にプログラミングを授業に落とし込んでやってみましょう。そうでないと何が必要なのか、ゴールに到達するためにはどんな課題があるのか、が見えてきません。具体的な実践方法は第3章でお伝えしましたので、まずは実践してみましょう。

プログラミング体験は3ステップで始める

次に、これまで紹介してきた教材を使って、どのように授業を行っていけばいいのか、具体的な事例とともに解説していきます。

まず、小学校の六年間のカリキュラムは、次に挙げる3ステップで段階的・系統的に学べるようにすることが望ましいです。3ステップで学ぶ理由は、子どもたちの理解のためだけではありません。先生にとっても、段階を踏みながら授業を組み立てるほうが、経験もたまり、理解が深まるからです。また、学年ごとに「体験して終わり」ではなく、必ず次の体験や学びにつながるようにカリキュラムを組んでください。

具体的には、低学年の内はアンプラグドによる思考活動をベースに、ビジュアルプログラミングから入り、教材がそろえば、中・高学年からフィジカルプログラミングにも挑戦していくのがいいでしょう。

ちなみに、プログラミング教育は二〇二〇年度から始まるため、二年生以上は途中からになりますが、ここでは六年間を通してのカリキュラムとして解説していきます。

ステップ1　わかりやすいものから始める

低学年では、まずコンピュータの考え方に親しむことから始めましょう。そのひとつの方法が、アンプラグドから始めることです。たとえば、プログラミング絵本「ルビィのぼうけん」で子どもたちに読み聞かせをするところから始め、『ルビィのぼうけん』ワークショップ・スターターキット」に収録された「ダンス・ダンス・ダンス」をすることが挙げられます。「ダンス・ダンス・ダンス」は、「まわる」「ジャンプ」「キック」などの指示が書かれたマグネットシートを並べて、実際にその通りに身体を動かして楽しむ教材です。子どもたちがプログラミング体験を楽しむことが大切ですので、「楽しかった！」を引き出せる授業を心がけてください。

このとき、注意していただきたいのが、「アンプラグドを逃げ道にしないこと」です。この章の前半でお伝えしたとおり、コンピュータを使った体験こそがプログラミング教育です。アンプラグドは、プログラミング教育に限らず論理的に考え

◀ルビィのぼうけん

フィンランドの女性プログラマー、リンダ・リウカス氏が描いたプログラミング絵本です。好奇心旺盛な女の子ルビィの物語を楽しみながら、プログラミングの考え方を身につけていきます。読み聞かせはもちろん、絵本中の練習問題で「くり返し・条件分岐・変数」などのプログラミングの概念を学んだり、学校向け教材「『ルビィのぼうけん』ワークショップ・スターターキット（別売）」と併用したりする活用方法が考えられます。

『ルビィのぼうけん』特設サイト
https://www.shoeisha.co.jp/book/rubynobouken/
株式会社翔泳社

る学びのベースであり、次へつなげるためのステップです。

ソフトウェアのプログラミングを始める場合は、キーボードの操作がおぼつかない子どももいますので、ノートパソコンよりもタブレットが使いやすいです。ただし、将来的には大学受験や英語の検定などでＣＢＴ※があたりまえになってくるでしょうから、キーボードのタイピングができるに越したことはありません。

使用するソフトウェアは、ビスケットやスクラッチをさらに簡単にしたタブレット版の「スクラッチジュニア」などがおすすめです。はじめてのプログラミングは、自分の表現したいものをつくる、という内容がやりやすいため、教材は表現のツールのひとつとして使ってみてください。

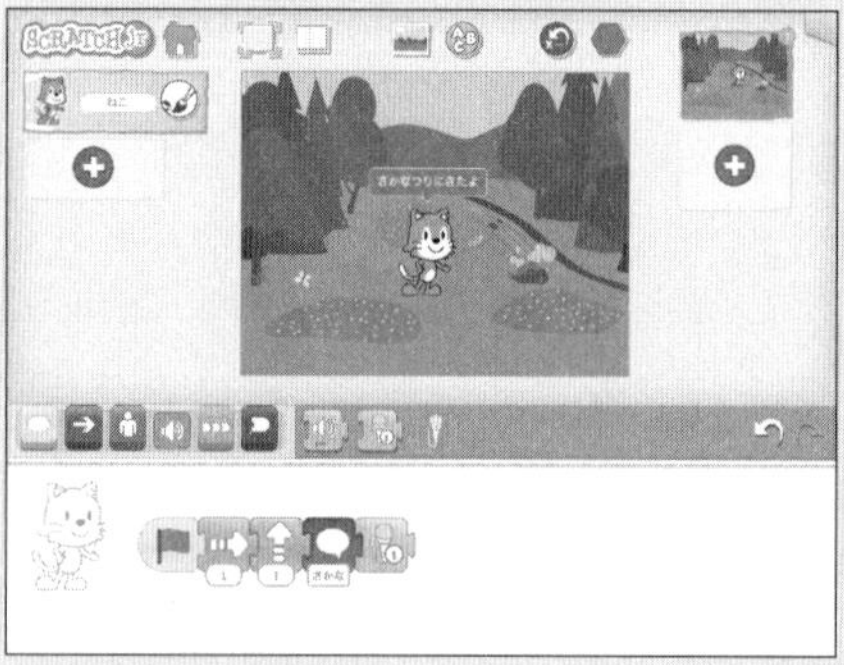

◀スクラッチジュニア（ScratchJr）

スクラッチ（→P.108）に触発されて開発されたブロック型のプログラミングアプリです。５歳の子どもからはじめられるようにデザインされています。また、「順列・反復・分岐」など、基本的なプログラミングの考え方を学べるブロックが用意されています。

https://www.scratchjr.org/
タフツ大学、
MITメディアラボ、
プレイフルインベンション
カンパニー

※ＣＢＴ（Computer Based Testing）紙を使わずコンピュータで受験すること。

一例として、「スクラッチジュニア」でデジタル絵本をつくってみましょう。

このとき、いきなりタブレットでプログラミングし始めるのではなく、まず紙と鉛筆を使い、自分がつくりたい物語を書いてみます。次に、どんなふうにキャラクターを動かしたいか、どんな絵にしたいのかという「絵コンテ」を描きましょう。ここまでの段階を経たうえで、タブレットを使い、スクラッチジュニアで絵コンテに沿った作品をつくります。自分のつくりたいイメージが物語と絵コンテによって明確になっているため、子どもたちはソフトウェアを通して、自分が表現したい絵を試行錯誤しながらつくることができます。

さらに、起承転結のストーリーを考えて物語をつくり、プログラミングをすれば、四年生の国語の「書く活動」や、「はじめ・中・おわり」といった学びにもつながってきます。また、英語でセリフなどを吹き込めば、英語の授業でもこうしたプログラミングを活用した授業をすることができますね。

このように、教科のなかでのねらいや学びを確実にするためのツールとしてソフトウェアを活用することで、プログラミングの授業を気軽に始めることができるでしょう。

■ ステップ2　低学年の学びをベースにソフトウェアを活用してみる

低学年でアンプラグドや最初のソフトウェアでの授業を経て、中学年でもソフトウェアを使った授業に挑戦してみましょう。中学年が最初にプログラミングを行うものとしては、「アワーオブコード（Hour of Code）※」が手軽でおすすめです。アワーオブコードはディズニーやマインクラフトなどの人気キャラクターを使い、段階的に学べるプログラミング学習アプリです。ブラウザ上で動くため、ネットに接続しているパソコンやタブレットであれば、無料ですぐ使うことができます。また、一つのコースにつき、約一時間で終わるように設計されているので、授業での活用に向いています。アワーオブコードでブロックプログラミングに慣れておくと、その後、「プログル」をはじめとしたほかのソフトウェアでプログラミングをする際に、スムーズに進めることができます。

もし、高学年で教科書に沿った授業にプログラミングを使いたいのであれば、「プログル」がもっと

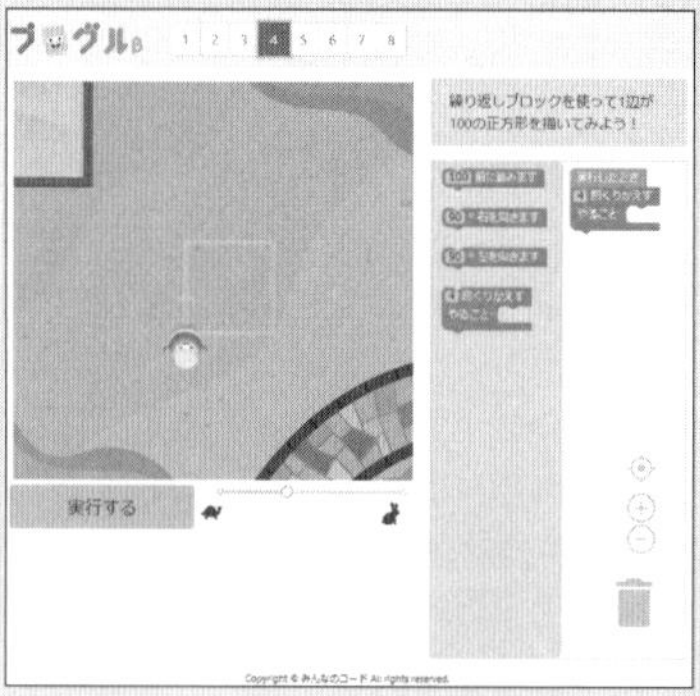

◀プログル

小学校の授業で簡単に導入できる教材として開発されたソフトウェアです。小学校5・6年生の算数用に5つのコースが用意されていて、1コースにつき、20分ほどでサックリ学習できます。授業中のちょっとした時間に利用する、という使い方もできるでしょう。利用は無料ですが、プログルのサイトから利用するため、インターネット環境が必要です。

https://proguru.jp/
特定非営利活動法人
みんなのコード

※227頁参照。

も使いやすいでしょう。プログルは、ドリル型のプログラミング教材で、子どもたちが自分で進めていくことができます。五～六年生の算数で学ぶ「多角形」「公倍数」「平均値」「最頻値」「中央値」の五つのコースが用意されていて、課題をスモールステップでクリアしていくことで、算数でつまずきがちな単元の図形や平均値などの考えを深めていくことができます。

■ステップ3 バーチャルからリアルのモノを動かすことに挑戦

これまでやってきたアンプラグドやビジュアルプログラミングから、今度は現実のロボットなどを使って、プログラミングをします。フィジカルプログラミング教材の最大のメリットは画面の中だけで完結していたものが、現実に動くという点です。

具体例として、ボール型ロボット「スパークプラス※」を使った授業があります。この授業は、小学校六年生の算数の時間で、「速さと道のり」の導入として行いました。スパークプラスはビジュアルプログラミングのアプリから、転がる速度、時間、角度などを命令することができます。これらの命令を組み合わせてプログラミングし、「八メートル先にあるサークルの中に、スパークプラスをぴったり止める」課題に挑戦する、という授業でした。

※スフィロシリーズのモデル。ボルト（111頁参照）はより新しいモデル。

ここでのポイントは、八メートルのコースを使えるのは本番の一回のみで、練習用に一メートルのコースを設けたことです。子どもたちは、一メートルのテスト走行を通じて、八メートルの場合に置き換えて考えるということをグループで行いました。

さらに、子どもたち自身が「一秒間で進む距離をもとに、八メートル進むために必要な時間の計算」を説明することで、速さ・時間・距離の関係をきちんと理解できているかを確認できました。通常の授業では、「速さと道のり」を具体的に計測しづらいですが、こうしたプログラミング体験を通した探究活動で、体感的な理解につながります。

留意点としては、走行距離が長いため、場所の確保と、実際にプログラミング通りに走行できるか、といったテストを事前に行う必要があります。フィジカルプログラミングでは、常に想定外のトラブルが起こることを考え、事前の確認がより必要になってきます。とはいえ、こうしたトラブルも経験を重ねていくうちに、対処できるようになっていきま

▲スパークプラスを使って「八メートル先にあるサークルの中に、スパークプラスをぴったり止める」課題に挑戦

すので、経験を積むことが大切です。

できる場があれば、子どもは必ずやる

私は、先生は「スペシャリスト」ではなく「ゼネラリスト」であってほしいと思っています。ゼネラリストとは、多方面の知識が豊富なこと、つまり引き出しの多い人のことです。プログラミング教育を行ううえでも、プログラミングのことを知っているだけでは学びが広がりません。多方面にベクトルを伸ばし、いろいろなことを知らないと、プログラミングをどのように活用していけばいいのか、結びつけることができません。

また、スペシャリストでなくてもいいということは、プログラミングについて全部くわしく知っている必要はないという意味です。もちろん、教材を自分で体験してみることは不可欠ですが、プログラマーのように精通している必要はありません。子どもと一緒に学んで考えるぐらいの気持ちで挑んでください。

ちなみに、私自身はプログラミングの授業を行う際、「指導は三割」ぐらいの目安でやっています。子どもに教えすぎると、子どもは自分で考えることをやめてしまいます。できるだけ子どもたちが話し合えるようにするのです。そのために、プログラミング活

動では、必ずグループをつくってきました。また、グループ内での話し合いのほかに、グループ同士でのプレゼンや話し合いを促します。これはプログラミングに限ったことではありません。ICTを活用した授業では子ども同士で教えあって、いろいろな形でアウトプットできるように心がけています。また、ここで大切なことは、アウトプットだけで終わらず、必ずフィードバックさせることです。フィードバックを受けると自分の考えを見直すことになり、個々の成長に繋がります。

こうした授業を行うと、子どもたちが積極的に授業に関わり、ふだん発言が少ない子どもたちが活発に話しているという姿が見られるようになります。すると、そんな子どもたちの姿に対して、これまでプログラミングの授業をやっていなかった多くの先生が「こんなに子どもたちが夢中になると思わなかった」と驚きます。しかし、それはこれまで先生がやってこなかっただけにすぎません。

私は「プログラミングができない子はいない」と思っています。ただ、できるように導く先生がいないだけなのです。目的を持ってプログラミングに取り組む場があれば、子どもは絶対やりたくなりますし、実際にやります。私自身が行ったり、参観してきたりした授業では、毎回子どもたちの理解や成長に驚き、教えられることばかりでした。私の知らない機能を使いこなす子もたくさんいて、そのときは、どんどん「どうやったの?」と聞いています。特に、プログラミングでは子どもたちのほうが、圧倒的に成長が速いので、知らないことを恥ずかしいと思わないでください。これからの時代を生き抜く目指すべき子どもたちの姿、新しい学びの姿という大きなゴールに向けて、まずは小さなスタートから始めてみましょう。

⑤行動の順番を並び替え、提出

「いっぱい出てきたね。こんなにたくさんやることあるけど、どうしたら朝の行動が忙しくならないようにできるかな？　自分が朝ゆっくりできるようになるよう考えてください。どんな順番にしたらよいか、カードを順番に並び替えます。抜けているところがあったらカードを足して」

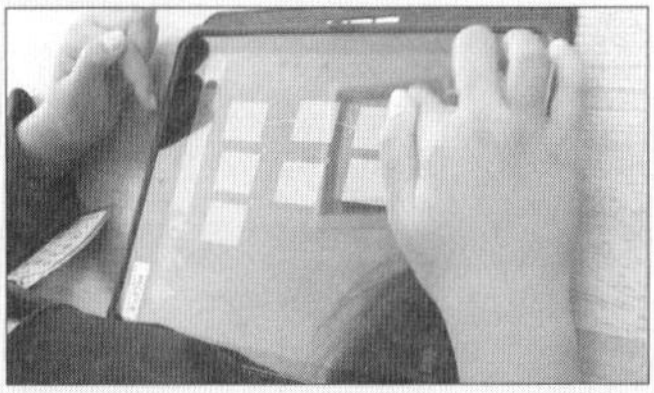

カードを並べ替え、線を引いてつなぐとノートにまとまります。まとまったら提出箱に提出します。

⑥どんな手順になったか発表

「何か質問ないかな？　気づいたことを伝えてあげてください」

⑦グループで話し合う

ほかの人に自分のつくった手順を見せながら説明し、話し合います。

「書いた言葉だけでなく、みんなにわかりやすく説明して。聞いた人は、気づいたことを伝えてあげてください。『こんなふうにするといいです』と友達に言えるようにしましょう」

⑧まとめ

自分の考えたことをみんなに伝えること、どんなふうに並べたらいいのかなと手順を考えることを勉強しました。普段の授業の中でもたくさん自分の思っていることをみんなに伝えるよう頑張ってください。

平井先生授業中継

茨城県大洗町立大洗小［2年生］
朝の行動を書き出してみよう！

①ロイロノートの準備

iPadでロイロノート（→P.230）を開き、カードを準備。タップの仕方を教えます。

「指の腹のやわらかいところでポンと叩くんだよ」

②朝の行動を思い出す

「朝、学校に来たらどんなことをしていますか？ 昇降口入ってから教室にきて授業が始まるまで、自分たちがやっていることを全部カードに書きましょう。どんなことをしているのかな？」

「上履きに履き替える！」

「読書！」

③行動を切り分けてカードに書く

洗い出し。アンプラグドコンピュータサイエンスでは大事な作業です。

「いろいろあるね。じゃあ1枚のカードに1つずつやることを書いてみよう。○も×もないからね。自分が何やっているか考えて。目標は5分で10枚。さあ、頑張れ！」

④書いた行動を発表

「どんなことを書いたかな。1人ずつ聞いていくから、できるだけ友達が言ってないことを発表して。気づいてなかった行動があったら、自分のカードに追加しましょう。自分のカードを手直ししてもいいですよ」

「帽子をしまう」

「なるほどー」

「トイレに行く」「よし！」

「あいさつをする」

「大事だね」

か？」

「先生の物語は、ねこちゃんがドアを開けると、そこは…、宇宙！」

「どうしよう。空気がないな、困ったなぁ、というストーリーです」

⑤オリジナルの物語をつくる

「使っていいのは４画面まで。どんな物語にするかは自由です。使っていい命令も自分で探して勝手にやっていいです。ただし条件が3つあります。1つ目は、使っていい画面は４枚です」（起承転結を意識させます）

「2つ目の条件は、ハッピーエンドにすること。だから、ねこちゃん殺しちゃダメ。最後の条件はうんこ禁止。汚いやつダメ。美しく」

「はははは」

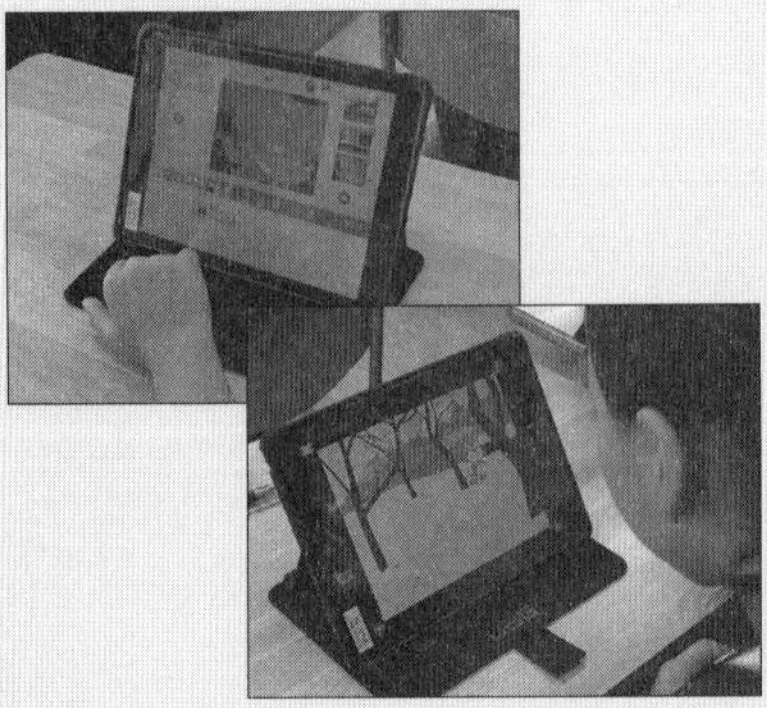

⑥作品を隣同士で紹介しあう

「一番大きな画面にして、こんなふうにつくったよというのを説明してください。中身のプログラムもこんなふうですよと説明できるようにお願いします。発表が終わったら見てた人は、こんなとこよかったと教えたり、どうやってつくったのって質問したりしてください」

⑦作品を発表し、感想を言ってもらう

朝起きて
サーフィンに行く
とこが面白かった

⑧まとめ

プログラミングでは自分の頭で考えたことを表現します。こんなことしたいなってことを簡単に実現してくれる道具です。こうなりたいよね、こう実現したいね、ちょっと難しいかな、と思っても原理は簡単なことです。

平井先生授業中継

茨城県大洗町立大洗小[4年生]

ビジュアルプログラミングで物語をつくってみよう！

①ScratchJrにさわってみる

最初は先生の言うとおりに、ScratchJr（→P.122）の画面を開き、出てきたねこを指でぐるぐる動かしてみます。

②図形でできた命令を試してみる

右向きの矢印を下に移動し、試しに実行すると、ねこが右に1つ動きます。右向き矢印と上向き矢印を合体すると…。

「今度はどうなると思う？教えて」

「ななめに動く」「右上？」

「右に行ってから上に行く？」

「どう行くんだろうねぇ。この命令で行くと右に1つ上に1つ。じゃあ、試してみよう」

右に1つ上に1つねこが移動。

「ああ」「すげぇ」「すげぇ」

「そうだね。命令した通りにしか動かないからね」

③背景や画面を変える方法を覚える

最初の画面を一緒につくり、背景の選び方や場面の切り替え方法を学びます。ねこは右に6行って上に3行って家に入り消えました。

消えた！　きえちゃった

ねこが消えた！

ねこちゃん……

…ねこが消えた…

はははは

④先生のサンプルを見る

「ここからみんな考えるところです。ねこちゃんが部屋に入ったら、そこはどんな世界でしょう

プログラミング的思考とコミュニケーション
――平井先生の授業を体験してみて

茨城県大洗町立大洗小学校　校長　沢畑好朗先生

平井先生には模範授業の後、先生たちへの研修模擬授業も行っていただきました。課題の一つは「言葉だけで3センチ×4センチ×5センチの直角三角形を描く手順をつくる」というもの。どんな描き方を選ぶかは自由、道具も自由です。児童と同じように先生たちも、一つひとつの手順を話し合いながらホワイトボードに書き、教えあい、生徒の目線でプログラミングを体験しました。

先生たちにはプログラミング授業に対する苦手意識が強く、それが目の前に壁のように立ちはだかっていたと思います。プログラミングというと難しそうなプログラミング言語を入力して、コードを書くというバリバリ理系のイメージが強いですから。

しかし、実際に平井先生のプログラミング授業を見て、さらに自分たち自身も教わる側となってプログラミングを体験して、「面白い」「楽しい」「もっとやりたい」という声が方々で上がりました。自ら体験することで、指導要領の文言だけではわからないプログラミングの授業について、具体的なイメージが持てたようです。プログラミングと言っても、今までの授業とまったく別ものではなく、今までやってきたことの延長で、日常の授業をどう変えればできるか、考える糸口がつかめたのではないでしょうか。

グローバル化が進み、生まれた国や文化、置かれた状況の異なる人たちとのコミュニケーションには、「たぶんこういうこと」と読み取る力だけではなく、物事を正確に順序立て、わかりやすく相手に伝える力が必要です。多様な人々とのコミュニケーションにも、プログラミング的思考は大事だと思いました。（談）

第5章

さぁ、プログラミング授業を始めよう!

―取り組み最前線

事例1

「つべこべ言わずやってみる」から「信じてやっていく」

愛知県岡崎市立男川小学校 校長　本間茂夫先生

実践を重ねてきた、男川小学校のオリジナルメソッド

男川小学校は今年度「つべこべ言わずやってみる」から、「このまま信じてやっていく」というステップに進みました。アンプラグド・ビジュアル・フィジカル（第4章参照）三つのプログラミング学習を全学年で実施し、子どもたちに確かな力をつける「男川メソッドの確立」を目指しています。

確かな力とは、「論理的思考力」のことです。論理的思考力で子ども一人ひとりが「考えてわかりやすく伝える」などのインプット・アウトプットがしっかりできるようになります。論理的思考力は言語能力・情報活用能力・問題解決能力に深く関わり、プログラミング的思考よりももう少し大きく捉えられるもので、この力を学校全体で育成していきたい、というのが私の一番の願いです。

その論理的思考力を育成する手立てが「アンプラグド・ビジュアル・フィジカル」の三つです。この中で特にアンプラグドは全学年で日常的に実践できるよう、全学年の単元に位置づけました。最終的にはアンプラグドに取り組むことが普通となり、どの授業でもできることを目指します。また、これらの取り組みを男川の自主単元として確定させ、来年度以降も続けるようにします。

「論理的思考力」６つのとらえ

①まとめて考える力
②分類整理して、分けて考える力
③順序立てて考える力
④試行錯誤し改善する力
⑤ほかにあてはめて活用する力
⑥分かりやすく伝える、表現する力

男川小学校HP
http://cms.oklab.ed.jp/el/otogawa/

「このまま信じてやっていく」に至るまで

プログラミング教育は子どもたちのために取り組む必要がありますが、英語や道徳と違い、まったく新しいものなので、先生たちが試行錯誤しながら学ぶ必要があります。そこで、私は先生たちに「一緒に勉強しましょう。もし試したいことがあったら言ってください。極力実現できるようにします」と声がけしました。また、いきなりロボットを使うのは抵抗があると考えたので、まずはアンプラグドの事例をマネすることから始めました。そして、少しずつビジュアル・フィジカルの実践を進め、今では先生たちが交代で講師になって、自分の得意なツールをほかの先生たちに伝える自主研修会を開くまでに至っています。

一年間、ひと通りのツールを使った授業をして、先生たちはプログラミング教育でこんな授業ができる、と手応えを感じとったのだと思います。これらの取り組みを根づかせるために、今年度は「このまま信じてやっていく」という合言葉が先生たちから出てきました。

先生も校長も「わくわく」することで広まる

プログラミング教育を始めるには、先生のモチベーションを上げることが大切です。先生たちがわくわくして取り組まないと授業はできません。男川小学校で火が点いたのは、先生たちがやる気になって、子どものために一生懸命取り組んでくれたからです。

そして、校長自身も実際にプログラミングを取り入れた授業を見て、学ぶことが大事だと思います。実際に私も、カエルの歌の輪唱やリズムづくり、国語のことわざの表現でスクラッチを使って授業をしました。プログラミング教育を校内に広めるためには、校長自身も楽しみながら、「プログラミング教育とはこういうものだ」と、概要だけでも理解する必要があるでしょう。（談）

▲ 数名の児童に発表してもらい、個々で改善します。自主的に音楽を聴きあっている児童の姿も見られました。

⑤ワークシートに振り返り（自己評価）を書き、全員で振り返りをする

指導者　玉置佳永
　　　　4年3組31名
使用教材　Scratch（→P.108）
1人に1台のPC
教科の分類［B］　音楽

感想

自分でつくって聞いてみて、音と音が重なり合っているのがすぐわかった。

隣の子におかしいところを教えてもらって、きれいな音ができた。

授業を参観してみて

音楽の授業はリアルの演奏が大事ですが、各自で演奏すると音が混じってしまいますね。そこでPCやヘッドフォンを使うことで、「音が合う／合わない」を各自で体感できます。本授業は、前半で主旋律に合う音を考え、後半で「すがすがしい音」「さみしい音」など自分の目的にあう音を探す構成にしたことで、音楽の楽しさを理解できるよりクリエイティブな授業になったと思います。この授業の本質は児童が表現したい音の世界を和音で考えることです。そのために和音のコードを入力するという手間を省くため、教師が事前に和音のブロックを準備するといいですね。またペア・グループ学習を積極的にしかけ、相互に聞き合う対話的な学びの場を設定することも効果的です。そして、最後は実際に歌ってみて和音を体感することです。実技を伴う教科では、必ず最後にプログラムというシミュレーションをリアルに戻すことが大切だと考えます。

「公開授業」参観してきました

愛知県岡崎市立
男川小学校［4年生］

Scratchで『もみじ』の最後のハモリを考えよう

［単元の目標］
せんりつの重なりを感じとろう
（本時は６時間中５時間目）

［授業の流れ］

①教師がScratchでつくったオリジナルの副旋律を聞く

う～ん、
こわいものが
でてきそう…

②本時の目標を提示

Scratchで「もみじ」の最後のハモリを考えよう

③つくりたい音をコードの中から選び、Scratchでプログラムを組む

◀各自、ワークシートに副旋律のコードを選び記入します。

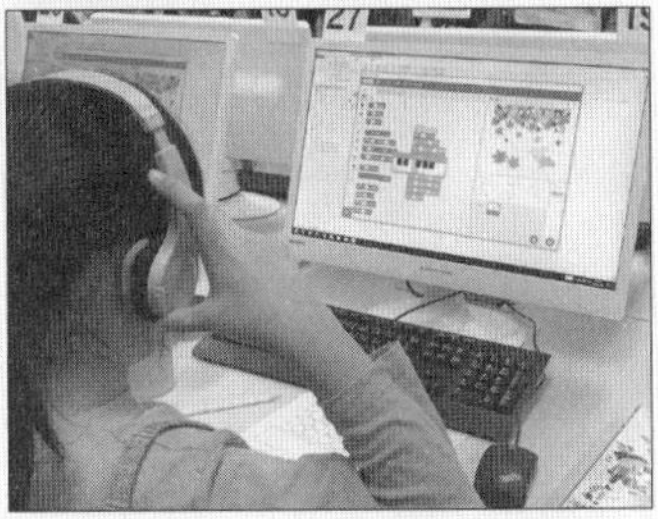

▲ Scratchにコードを入力し、主旋律と合わせて聞いてみます。たくさんのパターンをつくり、きれいな音の重なりを考えます。

④全体で共有し、改善する

最初はきれい！
途中から音が低く
なるのが気になった

⑤全体で共有しながら改善する

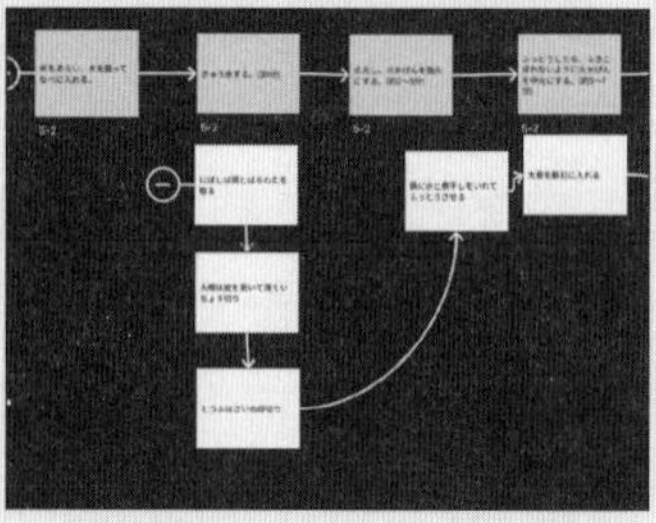

▲ ご飯の調理をふまえて、みそ汁の調理手順を考えているグループに発表してもらい、各グループで改善します。

発表したグループは、上図のように、30分間の米の吸水中に、みそ汁づくりの作業を3つこなすように並べました。

⑥ワークシートに振り返り（自己評価）を書き、全員で振り返りをする

指導者　弓場莉奈
5年2組34名
使用教材　ロイロノート（→P.230）4人1組のグループに1つ
教科の分類［B］　家庭科

感想

私の班では（煮る時間のかかる）じゃがいもだけ別で煮ることにした。時間をムダにしないように、ご飯をつくるのは大変だと思った。

授業を参観してみて

家庭科は「家庭生活全般を科学的に考える」教科です。調理手順もプログラムとして表わせます。本授業ではガントチャート※で整理すると、調理手順だけでなく、時間や分担をより意識できたでしょう。そして、児童には「お母さんは頭の中でこんなことを考えて、家事をこなしてスゴイ」と気づいてほしいですね。家庭でもガントチャートで家事を整理することで、手伝いやすくなります。このように家庭科では「家族の役割」まで考えてほしいです。

※ガントチャート：製造業などで工程管理に使われる図

「公開授業」参観してきました

愛知県岡崎市立
男川小学校［5年生］

ご飯とみそ汁をつくろう

［単元の目標］
食べて元気に　ご飯とみそ汁をつくろう
（本時は11時間中5時間目）

［授業の流れ］

①前の時間の活動を振り返る

挑戦

▲ 前回ロイロノートに記述した「鍋でご飯を炊く手順」を全体で確認します。

②ご飯とみそ汁を同時につくるべきだと気づかせる

「おうちの人がご飯をつくるとき、ご飯ができたあとにみそ汁つくっているのかな？」

「ご飯を炊いている間に、みそ汁をつくっている！」

「なんで？」

「時間短縮のため！」

「じゃあ、みんなもそうしたほうがきっといいよね」

③本時の目標を提示

ご飯とみそ汁を同時につくるレシピを開発しよう

④グループごとに、ロイロノートへみそ汁づくりの手順を書き、並べる

学習ノート
まず、野菜を洗わなきゃいけないよね

▲ おうちの人に聞いたみそ汁づくりのアドバイスを交えながら、ロイロノート上で手順のカードをつくり、並べます。

事例2

児童も先生も、楽しさや面白さ、達成感を大切に

東京都世田谷区立東玉川小学校 校長　奥山圭一先生

組み立てた授業を、シートを使って共有する

子どもたちの反応を想像しながら、授業を組み立てたり教材をつくったりするのは教師の大きな楽しみです。しかし、プログラミング教育の場合、それは未知の世界。最初はどんな授業をやればプログラミング的思考を育むことができるのか、まったくイメージが湧きませんでした。そこで、学習指導要領にプログラミング的思考につながる「思考力・判断力・表現力」などの言葉がどのように出てくるか、全学年・全教科で書き出し表にまとめることで、ポイントが少し見えてきました。

また、以前から東玉川小で使っていた「ICT利活用シート」を元に「プログラミング的思考力育成シート」もつくりました。プログラミング的思考を育む授業を行うために、手軽に活用でき、ほかの先生たちと共有できるシートです。学年・教科・領域、単元、授業のねらいから、学習形態・関わり合い、学習活動の種類、授業の前提としてすでに行っている活動、単元で育む技能、利用ツール、表現の形、ICTの利活用状況まで、項目に○をつけ、必要に応じて書き込んでいきます。授業の大枠が見てわかり、ファイリングも楽なので、後からほかの先生も参照できます。使いながら、さらに授業づくりに役立つ形にしていこうと思っています。

プログラミング的思考力育成シート	授業者（　　　　　）
実施日	年　月　日　校時
学年・人数	小1　小2　小3　小4　小5　小6　その他　（　　　）人
教科・領域等	国語　社会　算数　理科　生活　音楽　図画工作　体育 外国語　総合　日本語　道徳　特活　学校行事　余剰
単元・活動名	
授業のねらい	
学習形態	一斉　グループ____人（生活班　課題別　その他）　ペア
関わり合い	役割分担　順番　アイデアの出し合い　アイデアのまとめ
学習活動	問題解決学習　創造する学習　表現する学習
思考の前提	体験・経験（　　　）　知識（　　　） 技能（　　　）　その他（　　　）
思考の技能	関連づけ　類推　比較　要約　計画 分類・分析　順序立て　記号化　振り返り　一般化
思考のツール	表　図　絵・写真・動画　カード　ワークシート　ホワイトボード　教具・教材（　　　）
思考の表出	言語化（書く・話す）　動作化・運動化　創作（音楽・造形・その他） プログラミング（PCと装置）・PETS　・Studuino　・embot　・micro:bit （PCのみ）・Angry Bird　・Hour of Code　・Algologic　・Viscuit　・Scratch
ICTの利活用	児童：プログラミング　Webブラウザ　オフィスソフトウエア　実物投影機 動画・写真・音声記録　スキャナ　描画ソフト　他 教師：ノートPC　タブレットPC　デジタル教科書　実物投影機 Webブラウザ　オフィスソフトウエア　描画ソフト　アプリ プログラミング　デジカメ　ムービー　スキャナ　CD　他
その他の工夫 おすすめポイント	・クイズ形式　・ゲーム形式

▲ プログラミング的思考力育成シート

東玉川小ホームページの「校内研究」ページに掲載。

小さいゴールを積み重ねていく

プログラミングの授業を組み立てるポイントは「あれもこれもと求めるものを盛り込みすぎない」ことです。授業は四十五分。限られた時間の中でたくさんのことを求めても、ゴールまでいかないと児童は達成感も得られませんし、不満が残ります。ですから、小さなゴールにする。たとえば、ブロックなど自由度の高い教材でも、あらかじめ必要なブロックだけに絞って用意する。目標達成のハードルが下がるだけでなく、決められた条件の中で考える訓練にもなります。ゴールはできるだけ単純でシンプルな形にして、小さな成功体験を積み重ねていくことが大切だと考えています。

それと、プログラミングに限りませんが、先生が楽しくない授業は子どもたちも楽しくない。先生たちはICTに長けている方ばかりではないので、プログラミングなんてほとんどの先生たちが習ったことも教えたこともない。だから、不安でいっぱいだと思います。でも、やってみないとどんなものか、何ができるかわかりません。実際に体験してみると先生たちの意識は「どんなものかわかった」「楽しかった」と変わり、教材づくりのアイディアも湧いてくるようになります。

授業では、公開授業で見ていただいたように、目の前でモノが動くと子どもの反応が大きい。自分たちがつくったプログラムで実際にロボットが動く、センサーが反応する。単純なことですが、感動がありますね。パソコンを通して体験することが大切ですが、電池の消耗で教材が動かない、PC操作がうまくいかないなど機器の問題で、授業が滞ることもあります。そういう事態を想定して、代替となる説明手段、たとえば紙の資料などを用意しておくことも必要だと思います。（談）

・世田谷区立東玉川小
http://school.setagaya.ed.jp/higa/

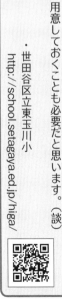

⑤全体で共有しながら改善する

⑥思い通りに動かないときは、めいろを変えたり矢印ブロックを組み直したりする

◀ うまくいかない場合は、その理由を考え、順番や命令を修正し、何度も挑戦します。「友達と協力し、プログラミング的思考を働かせながら、めいろづくりをしている」かが評価のポイントです。

⑦完成しためいろと答えをワークシートに書き、全員で振り返る

◀ 工夫したこと（試行錯誤・協力）を全体で共有し、次の学びにつなげます。

指導者　植松良子
2年2組28名
使用教材　PETS（→P.230）
グループに1台
教科の分類［C］

感想

思い通りに動かせないこともあったけど、いろいろと考えてできたので楽しかったです。

工夫したこと

ルールは簡単なものに。活動で使うロボットやカードはグループごとにかごや袋に入れてセットしておき、児童が活動する時間を十分に確保。グループは話し合いに適した２～３人としました。

「公開授業」参観してきました

東京都世田谷区立
東玉川小学校［2年生］

プログラミングであそぼう
——めいろをつくってあそぼう

［単元の目標］
めいろの道順を考え、矢印ブロックでロボットに適切な指示ができる
（本時は３時間中２時間目）

［授業の流れ］

①前の時間の活動を振り返る

▲ 児童が前に出て、ロボット(PETS)を動かすための矢印ブロックの順番（前回学習）を書き込みます。先生は児童の指示通りにロボットを動かすことで、児童が矢印ブロックの動きをイメージし、答えが正しいかどうか考え、間違っているときは自ら修正できるように促しています。

②本時の目標を提示

「グループの友達と協力して、オリジナルめいろをつくる」

③めいろづくりのルールを確認

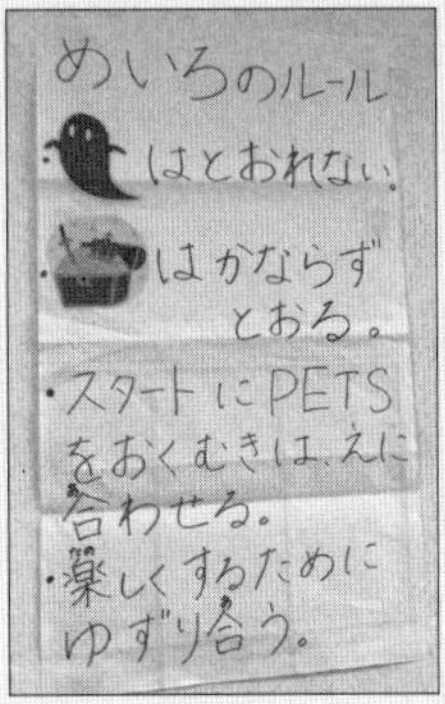

▲ルールを設定することで、限られた条件のなかで、工夫しようとする力を育てます。

④グループ２〜３人でアイディアを出し合いオリジナルめいろを考える

▲ 前回学んだ基本操作をもとに、カードを置く位置や数、道順を話し合って自由に決めます。そして、ロボットを道順通りに動かすには、矢印ブロックをどんな順番で並べればよいかを友達と協力し合って考えます。

▲ プログラムに必要なブロックを全体で確認します。それをふまえて作成したプログラムを改善します。

▲「プログラムを試行錯誤しながらつくることができるか」が評価のポイントになります。

⑤作成したプログラムを試す

⑥プログラミングの感想やプログラムされたモノによる暮らしの変化についてワークシートにまとめる

指導者　川本淳子
　　　　4年1組28名
使用教材　レゴ®WeDo 2.0
（→P.230）グループに1台
教科の分類［A］
　　　総合的な学習の授業

感想

課題はみんな一緒でも、やり方はたくさんある。いろいろな方法を考えることが楽しかった。

工夫したこと

ビジュアルプログラミングの場合、児童とブロックの意味を確認し、使用するブロックを絞ってプログラムさせます。また、児童がプログラミングに集中できるように、必要なレゴブロックのみをチャック式の袋に入れて用意しておく工夫をしました。

「公開授業」参観してきました

東京都世田谷区立
東玉川小学校［4年生］

チャレンジ バリアフリー

［単元の目標］
福祉的支援が必要な人の思いを知り、共生する資質・能力を育てる
（本時は18時間中11時間目）

［指導計画］

学習内容	時間
社会で困っている人について考え、校内にある福祉施設を調べる	4
車いす体験をし、気づいたことを校内マップにまとめる	2
ブラインドウォークを体験し、気づいたことを校内マップにまとめる	2
調査・体験したことから、だれでも校内を安心・安全に歩ける設備を考え作成する（本時）	3
ユニバーサルデザインを考えて発表する	2
今までの授業をふりかえり、自分と異なる境遇の人とどう向き合うべきかまとめる	5

［授業の流れ］

①前の時間の活動を振り返る

▲ 児童から「階段などの段差では、目が見えない人が危ないから音を鳴らす」という発言を引きだすことで、プログラミングの目的を再確認します。

②本時の目標を提示

人が近づいたら音が鳴るプログラムをつくろう

③プログラムを考える

▲ 3人1組で話し合って「どうすればセンサーで音のON／OFFを制御できるか」話し合います。

④「使いそうなブロック」を全体で共有し、改善する

事例3

プログラミングで表現の幅を広げる

東京都三鷹市立第一小学校　図工専科　﨑村紅葉先生

「造形的な見方・考え方を働かせる」児童育成の活動に、プログラミングの要素を取り入れました。「ビスケット（Viscuit）」には、簡単な操作で思い通りに絵を描いたり消したりできる、曲調の変化に合わせて絵の形や色・動きを変更できる、友達の作品を画面上で鑑賞できるといった特長があります。

プログラミングソフトを活用することによって表現の幅を広げ、創造性を発揮し、新たな「造形的な見方・考え方」を養いながら、自らの思いに向かって表現する力を育てたいと考えました。また、実際のピアニストによる演奏をじかに聴き、音楽に合わせてリアルタイムに動く絵を生み出す経験をすることで、児童の感性を揺さぶるというねらいもありました。

なお、「ビスケット」で動く絵を描く前に、五年生の図工で、同様に演奏を聴きながら、イメージしたものを紙の絵で表現する授業を行っています。

完成した作品は、コンサート会場で発表し、多くの人々に鑑賞してもらいました。子どもたちは自分たちの創造力が人々の感動を呼び起こし、社会に影響を与えることを味わい、自信になったのではないかと思います。

▲ 三鷹市芸術文化センターのコンサートで、演奏に合わせてプロジェクションマッピングのように作品発表しました。

「公開授業」参観してきました

東京都三鷹市立
第一小学校［6年生］

The Moving Pictures!

—音楽に合わせて動く絵を描こう—

［題材の目標］
ピアニストの演奏を鑑賞してイメージを膨らませ、プログラミングを活用しながら色や形を組み合わせて動く絵を描く
（本時は２時間中２時間目）

［授業の流れ］

①ピアニストによる曲の演奏を聴いてイメージをふくらませた前時の振り返りを行う

「むしゃくしゃした気持ちをかき消す渦」「宇宙を浮遊しているような風景を思い浮かべた」

②音楽を鑑賞しながらイメージを膨らませ、パソコンで「Viscuit」を使って、工夫して動く絵を描く

▲ ドビュッシーの前奏曲集第二巻より「花火」の生演奏を聴きながら絵を描きます。子どもたちの様子を見ながら共感的な声かけをします。

③音楽を聴きながら相互鑑賞し、気に入った色や形を共有する

▲ 色、形、動きに着目して鑑賞するように指導します。

指導者　﨑村紅葉
6年2組29名
使用教材　Viscuit (→P.226)
1人1台のPC（Windows）
教科の分類［B］　図画工作科

事例4

地道に少しずつ、幅広い地域で

――岡山県でのプログラミング教育への取り組み

岡山県総合教育センター 情報教育部 指導主事 浅野雄一さん

幅広く県内各地域から先進実践事例を収集

岡山県の小学校プログラミング教育への取り組みは、小学校段階における論理的思考や創造性、問題解決能力等の育成とプログラミング教育に関する有識者会議「議論の取りまとめ※」が発表された二〇一六年度からスタートし、今年で四年目です。岡山県総合教育センターでは、政令指定都市である岡山市を除くすべての市町村を対象として、プログラミング教育を推進する取り組みを行っています。二〇一八年度からはNPO法人みんなのコードと協力しながら、研究・実践を続けています。

限られた時間の中、すべての学校と関わっていけるわけではありませんが、毎年少しずつながら県内各地区の学校・教員に関わる機会をつくることで、着実に幅広い地域へ広がってきました。二〇一九年度現在は、県内各市に一人以上プログラミング教育の中心（地区の核）となる先生が出てきたという状況まで来ました。今年度も十名の先生に参加してもらっています。

※二〇一六年六月一六日発表。

二冊の冊子で実践を後押し

岡山県では、プログラミング教育に関して、今まで集めた実践事例を二種類の冊子にまとめています。

▼小学校プログラミング教育「はじめの一歩」（発行：岡山県教育庁義務教育課　二〇一九年二月）

プログラミングの授業を始めようという教員に「まずはこれを読んでほしい」とまとめたものです。実際の授業をどんなふうに進めていくか、「算数 第五学年 円と正多角形」と「理科 第六学年 電気の利用」の例で指導計画と指導の詳細を紹介しています。単元の目標と計画、本時のねらいとポイント、授業展開、板書例、コンピュータを使った実際の操作（作図・制御）までが掲載されています。コンピュータを使った操作については、何を行うかだけでなく、その場面でポイントとなる視点（「プログラミング的思考を発揮して試行錯誤しているか」など）も書かれているので、要所を押さえた授業づくりの参考になると思います。

プログラミング教育の位置づけとねらい、環境の整備やICT機器操作・プログラミング教育全体のイメージ例も載っていて全体像をつかむことができます。

▼岡山県小学校プログラミング教育実践事例集２０１９
（発行：岡山県総合教育センター　二〇一九年三月）

二〇二〇年度からプログラミング教育が実施されるとはいえ、まだまだ「何から始めればよいのかわからな

▲ ２種類の冊子は「岡山県総合教育センター　教育の情報化・情報教育」のページからダウンロードできる。事例集は今年も発行される予定

http://www.edu-ctr.pref.okayama.jp/gakkoushien/jyoho_kyouiku/index.htm

い」という状況の学校が多くあります。わからないから、初めの一歩が踏み出せないのです。そこで各学校でカリキュラム・マネジメントを行う際に参考となる事例を集めました。「これをすればよい」と示すのではなく、たくさんの事例を掲載することで、その中から学校で選ぶことができるようにしました。

「多角形を作図／センサーライトの仕組みを再現／ロボットを活用して園児と交流（A分類）」「自動ブレーキの仕組みを再現／おすすめの国紹介クイズをつくろう（B分類）」「オリジナル扇風機をつくろう（C分類）」など、多様な事例が掲載されています。

事例紹介では、さまざまな授業事例を収集するなかで培われた「授業づくりのポイント」に沿って、先生方が授業でどんな工夫をしたか、授業を組み立てる際に参考となる部分をピックアップしています。事例で紹介したプログラミング教材の一部は貸し出しています。さらに、岡山県の教職員限定ですが、授業ダイジェスト動画もあります。忙しい中でも、空き時間をつくって、たくさんの教員が視聴しています。

プログラミング的思考を育成するための授業づくりのポイント ――実践事例集2019より

◉課題

①解決しがいのある課題
②プログラムの意図を明確にもつ

◉解決するまでの過程

③課題解決には多様な道筋がある
④最適解を導き出す
⑤試行錯誤する学習活動を重視（時間を十分に確保）

◉創造的に考える

⑥教師が先回りして教え過ぎず、発話を工夫する
⑦思考の見える化（命令カードやワークシート）

地域に出向いて「ゆうゆうイブニング研修講座」

先進事例を積み重ねていくだけでなく、裾野を広げるための活動も行っています。それが「あなたの放課後の時間、少しだけ分けてください」のキャッチフレーズで行われている「ゆうゆうイブニング研修講座」です。地域に出向き、地域のニーズに応える形で、数年かけて岡山県内各地を回っています。ここ最近は、「小学校プログラミング教育」について三十人から四十人の先生を集めて講義・演習をしています。

多くの先生にとって、プログラミングは「学んだことも教えたこともない」内容です。研修を受ける前はほぼすべての教員が「やったことのないことを教えるのは難しい」と感じています。

しかし、プログラミング経験の有無は問題ではありません。「児童が試行錯誤する学習活動をコーディネートする」ことがポイントだと強調します。ですから、研修では「自身は跳び箱が得意でなくても、子どもが跳び箱を跳べるようにできますよね」と身近な例を示してプログラミングに対する抵抗感を低くしてから、まず実際の教材を使ったプログラミングを体験し、その楽しさを実感してもらうようにしています。

体験しながら研修することで、プログラミングの授業がどういうものかわかり、「怖がらなくていい」「構えなくていい」と感じ、プログラミングに関するイメージが変わっていくようです。さらに楽しさだけでなく「教科の学びにどう結び付けていくか、難しさもわかってきた」と次のステップに進む教員もいます。

岡山県では、二〇一九年度中にすべての小学校で、プログラミングの授業を実施し、校内の教員に公開します。各校で、プログラミング教育必修化に向け、着実に授業づくりの準備を進めています。（談）

平井聡一郎&利根川裕太　プログラミング対談

プログラミング教育を本音でトーク

二〇二〇年度に向けて、小学校のプログラミング教育がいよいよ必修化される段階にきました。しかし、昨今の学校現場をみると、英語教育や道徳の教科化、教師の働き方改革など、新しいことが目白押しで、時間的な余裕もありません。本当にプログラミング教育は小学校で実施できるのでしょうか。またプログラミング教育における課題はなんでしょうか。利根川氏と平井氏にプログラミング教育について、本気で語り合ってもらいました。

THEME 1

今、どうなっているの？ プログラミング教育は

――お二人は以前から、プログラミング教育の普及に尽力されているわけですが、プログラミング教育を取り巻く状況は変わってきましたか？ 以前に比べて、どのような点が変化してきたのかを教えてください。

民間のプログラミングスクールが増える一方で、広がる地域格差

利根川　一口にプログラミング教育といっても、いろんなタイプがあって、それぞれのプレーヤーごとに取り組み方や温度感はちがいますね。ただ、その中でも「盛り上がってきたな」と変化を感じるのは、小学校を中心とした子ども向けのプログラミングと、社会人を対象にしたプログラミング教育ですね。社会人は、未経験からエンジニアを目指すスクールや教材がたくさん出てきましたし、子ども向けに関しては、民間のプログラミング

スクールが、以前に比べるとすごく増えましたよね。子ども向けのプログラミングスクールって増えてきたよね。

平井　ほんと、そう。もう把握できないくらい、子ども向けのプログラミングスクールって増えてきたよね。

利根川　しかも、最近の傾向としては、学習塾や大手ＩＴ企業なんかがプログラミング教育市場に参入して、教室もフランチャイズで展開していますよね。

平井　でも増えてきたのは、都市部だけじゃないかな。確かに、子どもたちがプログラミングを学ぶ機会が増えているのは良いことだけど、以前に比べたら、都市部と地方の地域間の格差を感じるようになってきたし。地方に行くと親のニーズもまだそんなに高くないからね。だから、民間のプログラミングスクールが増えている動きも、学校や保護者を刺激するといいなと思う。保護者が興味を持ってくれて、「プログラミングは小学校で必修化されるのでしょう？　うちの学校、どうなっているの？」って声が上がれば、学校ももっと動くと思うのね。

■中学、高校のプログラミング教育はまだこれから

利根川　そう。以前に比べると、やっぱり、小学校でプログラミング教育が必修化された動きは影響が大きかったですね。

それに比べると、中学と高校のプログラミング教育は、ほとんど動いてなくて、個人的には、危機感を持っています。民間のプログラミングスクールでいうと、中高生を対象にしたプログラミングスクールの「Llife is Tech!」は人気があるし、私立校でもＳＴＥＭ教育やＳＴＥＡＭ教育※を取り入れて、特色あるプログラムを実践する学校も出てきましたけどね。

　しかし、まだ全体的にみると中高のプログラミング教育は、盛り上がっているとはいえないと思う。中高のところは社会的にも関心が薄いですしね。これは恐らく中学校に上がるくらいになると、親が子どもの教育にあまり口を出さなくなるからかなと感じています。

平井　そこは全然、まだ既存のスタイルのままだね。

子ども向けプログラミング教育市場規模調査（コエテコ×船井総研調べ）

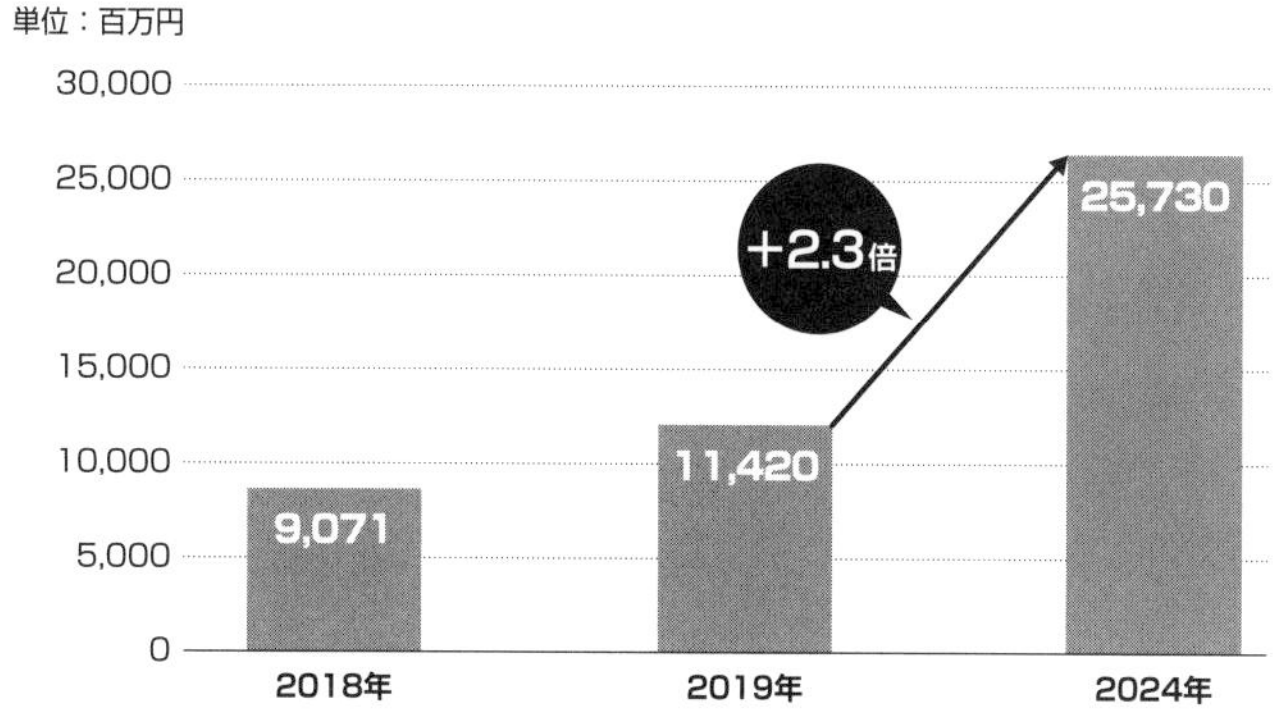

▲子ども向けプログラミング教育市場は拡大中
出典：「２０１９年子ども向けプログラミング教育市場調査」コエテコ by GMOと株式会社船井総合研究所の共同調査
https://coeteco.jp/articles/10521

※１１５頁参照。

原因はいろいろあるけど、教員研修も小学校に比べて充実していないし、高校にいたっては、専任の情報の先生がいないという制度的な問題もあるよね。でも、そもそも中学も高校も、技術・家庭科の先生や情報の先生って、各学校に一人か多くて二人でしょ。その先生たちが、今の学習内容を教えて、さらにプログラミングも……って、むずかしいと思う。私も、中学校で技術・家庭を教えていたからわかるけど、プログラミング以外にも教えることがいっぱいあるからね。

利根川　自治体によっては、小学校と中学校でプログラミング教育を連携して進めているところもありますが、数としては少ないですよね。

平井　そうそう。やっていない自治体や学校は、ゼロのまんま。この状態が続くと、すでに取り組みを始めた学校との差はどんどん広がってしまうかもしれない。

プログラミングを学んだ小学生たちが、中学校へ入学してきて、技術の時間に受けたプログラミングの授業が、小学校のときのプログラミングより簡単なやつだったたってこともあり得るからね。

■ICT環境が整わないことには始まらない

利根川　自治体のプログラミング教育への取り組み方には、その学校のICT環境も影響していますよね。人だけの問題ではないのが、むずかしいところです。

平井 ICT環境をきちんと整備してる自治体って、やっぱり意識というか、アンテナが高いなって思う。

あっ、「きちんと整備した」というのは、デバイスの数だけを入れるのではなくて、ちゃんと「使える」コンピュータを導入したという意味でね。そういう自治体や学校は、プログラミングをやっていこうという意欲も高い。根本的な話かもしれないけど、機器の整備が整わないことには始まらないっていうのもあるね。

利根川 確かに、ICT環境というのは大きいですね。でも以前に比べると、国の動きも活発になってきたことを感じます。ICT環境の整備やプログラミング教育についても、かなり力を入れ

学校ICT環境整備の現状(2019年3月)

調査内容	全国平均(2019)	全国平均(2018)	目標(2022)
教育用コンピュータ1台当たりの児童生徒数	5.4人/台	5.6人/台	3クラスに1クラス分程度
普通教室の無線LAN整備率	40.7%	34.5%	100%
統合型校務支援システムの整備率	57.2%	52.5%	100%
超高速インターネット接続率(100Mbps以上)	69.1%	63.2%	100%

1日1コマ分程度、児童生徒が1人1台コンピュータのある環境で学習できる環境の実現

▲ICT環境の整備状況

まだ、一人一台の環境には程遠い。国は2019年度中にICT環境整備のロードマップを策定予定。

出典:「平成30年度学校における教育の情報化の実態等に関する調査結果(概要)(速報値)(平成31年3月現在)」令和元年8月 文部科学省より作成

ているなって。

平井　そうだね。やっぱり、プログラミングを各教科の中で実施すると決まったことが、多くの教育関係者の意識を変えたきっかけかもしれない。

あと、文科省と経産省、総務省が連携して「未来の学びのコンソーシアム※」のような団体ができたことも大きな動きだったと思うよ。専門知識を持った人が集まった体制をつくって、プログラミング教育を本気で進めようとしているって思った。とにかく国は、前進しようとしているから、頑張ってもらいたいんだ。

十一月になって、国の整備の方針が急速に加速した感じだね。多分この本が出る頃には、大型の予算が決まっているだろうと思う※。いよいよ一人一台の実現が見えてきた感じ。そうなるとますますプログラミングには追い風になるね。

利根川　「未来の学びコンソーシアム」については、プログラミング教育推進月間という取り組みで、プログラミング学習と探究活動を結びつけた授業案を提案しているところが良いなと思います。学校は学ぶことが多くて、プログラミング教育なんて新しいものを入れるのは大変なのですが、その中でもプログラミングの面白さや、学ぶ必要性を体験できる授業を提案していますね。

※97頁参照。

※内閣府は2019年12月5日、「安心と成長の未来を拓く総合経済対策」を閣議決定。「義務教育段階において、令和5年度までに、全学年の児童生徒一人一人がそれぞれ端末を持ち、十分に活用できる環境の実現を目指す」ことなどが盛り込まれた。

プログラミングが小学校の教科書に載ったことの意味

平井　そういう意味でいうと、プログラミングが小学校の教科書に載ったというのも大きな変化だよね。

　教科書に載ったのは、五年生算数の正多角形と、六年生理科の電気の単元だけど、この二つについては、教科書に載ったから、どの先生も必ずやらなきゃいけない。つまり、「小学校のプログラミング教育は、最低ここまでやりましょう」というレベルを示したともいえる。これは、大きな動きだったなぁ。だからといって、これだけを学べばプログラミングの面白さや楽しさが子どもたちに伝わるかというと、それは別問題だけどね。

▲未来の学びプログラミング教育推進月間
2019年9月に行われた取り組み。小学校プログラミング教育の実施に向け、企業と連携した総合的な学習の時間や、事例を参考にしたプログラミング体験への取り組みをサポートした。
出典：小学校を中心としたプログラミング教育ポータル Powered by 未来の学びコンソーシアム

https://mirapro.miraino-manabi.jp/

私、個人的には、教科書に載ったからといって、そう簡単にプログラミング教育が普及するとも思えない。さっきも話したけど、学校のＩＣＴ機器整備の状況も違うし。あと日本の場合、教科書が書かれたのって、四年前だからね。その頃の教材しか載っていないのも課題ではあるよね。

利根川　今、どんどん新しいプログラミング教材も出てきていますし、スクラッチ(Scratch)※も３・０にアップグレードされていますからね。先生たちに人気のあるマイクロビット（micro:bit）※にしても、発売された頃は、教科書の原稿が締め切られていたので、今の教科書には載っていない。

平井　発売されただけじゃ教科書には載らないね。ちゃんと教材研究して、授業実践をして、ある程度の実績がある教材でなければ使えないし、日本中どこでも買えるものじゃなければだめですし、教科書に関してはジレンマもあるよね。

でも、そんな問題はあるにせよ、とにかく教科書に載った以上は、先生たちがプログラミングを必ずやらなければいけないので、やっぱり頑張ってもらいたい。

先生の意識も変わってきた

利根川　以前に比べたら、学校の先生のプログラミング教育に対する意識がすごく変わっ

※スクラッチとマイクロビットについては、１０８、１１２頁参照。

てきたなと思います。プログラミングに興味を持ってくれる人も増えたように感じますし。たとえば、数年前だったら、プログラミング教育をやってみたいという先生は、いい意味で「変人」が多くて、こちらが思いつきもしないような授業のアイデアを考えてくれたりして、とても楽しかったんですよね。

でも最近では、「指導要領に書かれているし、教科書にも載ったからやらないと」という先生が増えてきていて、「プログラミング的思考」を教科の中で実現するためにはどんな授業がいいんだというふうに考えたり。あとは、「そろそろプログラミング教育をやらないとまずい」と話す先生も多い。なかには、「どういう授業であれば、クリアしたことになるの?」という質問もありますからね。そうではなくて、もうちょっとプログラミングの楽しさを伝えるように考えてほしいなって思いますね。

平井 僕の場合、行政側の視点もあるけれども、多くの自治体がプログラミング教育の取り組みを始めたので、仕事は増えてきましたよ。

今までは研修に呼ばれるといっても学校単位が多かったのですが、去年、一昨年あたりから市町村レベルになってきて、今は、県レベルの教員研修に呼ばれることが増えましたからね。そこへ行くと、「今やらなきゃやばい」と思う先生たちが、たくさん来てくれる。そこで、どうやってプログラミングの楽しさを理解してもらうかは、私の課題でもあるけどね。

利根川　そういえば、うちの「プログラミング指導教員養成塾※」も依頼が増えました。初年度はうちの自主開催で四都市、二年目が、県が二つで市町村が十いくつかな。今年度（二〇一九年度）が、都道府県が七でした。それも、東京とか神奈川の都市部よりも、けっこう地方の都道府県の方とご一緒する機会が多いです。

※ https://code.or.jp/yoseijuku/

▲教員向けプログラミング研修の様子
（上）みんなのコード「プログラミング指導教員養成塾」
（下）平井先生の小学校での教員研修

外部の人材を巻き込む、外側から声を上げる

平井　地方の場合は、プログラミング教育をリードしてくれる人がいないことが課題ですね。だから、僕なんかが個人で呼ばれたりすることが多い。

利根川　みんなのコードも同じかな。東京とか大阪だと、企業が多いので公平性はどうするみたいな話になりがち。逆に、みんなのコードとパートナーを組むのは、地方の方が多いですね。

平井　結局、学校現場に対して、プログラミングの研修ができる人間も少ないんですよね。確かに、プログラミングの言語を教えられる人はいっぱいいると思うの。でも、教育全体のことを理解して、プログラミング教育を語れる人が、そんなにいない。ただ需要がすごくあるっていうことは、それだけ各自治体のやる気が高まっている証拠だからね。少し手遅れ感もあるけど……。

利根川　そうですね。全国の小学校での二〇二〇年度のプログラミング教育一斉スタートに向けて、私たちも取り組んできましたが、予想よりも一～二年ビハインドしていますよ、やっぱり。

平井　みんな、プログラミング教育に対してどう動いていいのかわからない、手探り状態

だったということですよね。とりあえず、どういう形でやってくのか、何やっていいかわからない。

利根川　私はベンチャーから教育分野に移ってきてわかったのですが、学校はプログラミング教育に限らず、新しいことを始めるのがむずかしいですね。民間企業だと新しいことやるのは当たり前なのですが、学校では「失敗してはいけない」という文化が強くて、失敗を恐れずにトライするというチャレンジが起こりにくい。

だから、新しいことを始めるときは、私たちの組織や平井さんみたいな人、つまり外部の人材を巻き込んでやっていくのが、意外にも良いモデルなのかなって思うようになりました。

平井　なんとかしなきゃという危機感は、たぶん、この業界の多くの人が持っていると思うの。でも、どうやって変えていくかという話になると、その人の立場によって全然見ている先が違うってこともあるしね。

利根川　教育って一口に言っても、いろんな人がいるんですよね。それも、この業界に入ってきて初めてわかりました。文部科学省や教育委員会という行政の人もいれば、各教科の専門家もいて、現場の先生や保護者もいたり、さっきの「未来の学びコンソーシアム」みたいな官民コンソーシアムもあって、さらに国政や地方の政治家さんも関係してくる。プログラミング教育といっても、立場によって違うところを見ていますよね。誰がいい悪いの話ではなく、プログラミング教育について話すときは、そのことを忘れずにいようと思っています。

平井　大袈裟かもしれないけど、国を上げてやらないと変わらないよね。プログラミング教育だけの話ではなくて、日本の教育はもっと時代に合わせて変えていかなきゃいけない。教育関係者によって、見ている先が違うというのもわかるけど、もう少し危機感を持って、進めていきたいよね。

利根川　ただ現状としては、オリンピック教育や食育など、○○教育というカタチでいろんなことが学校現場におりてきて、学校に任せきりという教育や指針が多すぎると思うのです。うちのメンバーに、元校長がいるのですが、「なぜ、こういう指針が出ても進まないんですかね」って聞くと、「いや、指針や、なんとか教育なんていっぱいあるからね」ということなんですね。

結局、その中でプライオリティをつけて、どれに力を入れてやるかなんて、学校の判断ですよね。だからこそ、教育の少し外側にいる人や、メディア、保護者などが、「プログラミング教育大事だよね、ＩＣＴの整備も大事だよね」って声を上げることが大切だと思うのです。

THEME 2

学校のプログラミング教育の課題をひも解く

——小学校のプログラミング教育について、さらに深堀りしていきましょう。最初に、文部科学省が指定した「プログラミングに関する学習活動」について聞かせてください。なぜ、小学校のプログラミング教育は、このような学習活動の分類が設けられているのでしょうか。各小学校で取り組むプログラミング学習の内容は異なるのでしょうか。

プログラミング教育の分類ってなに？ 学校や先生によって学習内容は異なるの？

平井 解説しましょう。この部分については、ちょっとややこしいからね。教育関係者が見ても迷ってしまう部分だから。

■A分類とB分類の目的は、プログラミング自体ではなく教科のねらいを達成すること

平井　もともと、小学校におけるプログラミング教育の位置づけは、プログラミングの体験を通して、教科のねらいを達成するというものなのです。

小学校のプログラミング教育の分類

教育課程内

A 学習指導要領で例示されている単元等で実施するもの
- 算数：［第5学年］B　図形　（1）正多角形
- 理科：［第6学年］A　物質・エネルギー（4）電気の利用
- 総合的な学習の時間：情報に関する探求的な学習

上記三つの単元の授業

B 学習指導要領に例示されてはいないが、学習指導要領に示される各教科等の内容を指導する中で実施するもの

Aで例示された以外の教科や単元で実施するプログラミング教育で、学習のねらい・教科の学びをより確実なものにするためのもの

C 各学校の裁量により実施するもの（A、B、D以外で、教育課程内で実施）

学習のねらいに縛られない。プログラミングの楽しさや面白さ・達成感を味わう、またはプログラミング的思考を育むための授業。プログラミング言語の基礎的・基本的なところを学ぶ。自由度が高い

D クラブ活動など、特定の児童を対象として実施するもの

学校のクラブ活動

教育課程外

E 学校を会場として実施するもの

PTAやおやじの会などが学校で開催する放課後子供教室、土曜スクールでのプログラミングワークショップなど

F 学校以外を会場として実施するもの

おやじの会などが公民館や児童館などで実施するプログラミングワークショップ、民間のプログラミングスクールなど

▲**小学校のプログラミング教育の分類**
出典：文部科学省情報教育課作成「小学校段階のプログラミングに関する学習活動の分類」を参考に作成

たとえば、小五算数「多角形」の単元でプログラミングが出てきますが、子どもたちはプログラミングを学ぶのが目的ではなく、あくまでも授業のねらいは、正多角形の特性を理解することなのです。つまり、小学校においては、「プログラミング自体を教えるのが目的ではない」ということが大前提にあります。それでいうと、教科の中で扱うプログラミングというのは、A分類とB分類になります。

利根川　A分類とB分類の違いは簡単ですね。学習指導要領に例示されているか、いないかの違いです。学習指導要領には、プログラミング学習の例示が書かれているのですが、Aが例示されたプログラミング学習のこと。つまり、「五年生　算数の多角形」と「六年生　理科の電気」、あとは「総合の情報に関する探究的な学び」の三つになります。

平井　そうそう。だから、同じ算数でも、多角形以外の単元でプログラミングをやった場合はA分類ではなく、B分類に当てはまります。ほかにも、社会や国語でプログラミングをやった場合もB分類になります。それで、最近よく聞かれるのがC分類について。「各学校の裁量により実施するプログラミング教育って何なの」という話です。

■C分類では、教科のねらいに関係なくプログラミングを学ぶ

平井　C分類というのは、教科のねらいに縛られずに、プログラミング教育に取り組める

時間のことです。教科のねらいと関係なく、プログラミング教育ができるので、面白いことをやってみたいという先生は飛びつくだろうね。

利根川 C分類に関しては、ポイントが二つありますよね。プログラミングだったら何でもよいわけではなく、授業のねらいとしては「プログラミングの楽しさや面白さ、達成感を味わう」という入門的な目的と、「プログラミング的思考を育む」という発展的な目的の二つが決められています。この二つの目的のどちらかを満たすプログラミングの授業だったら、教科に関係なくやっていいよってことですね。

平井 その通り。でも、プログラミング教育がよくわからない人から見ると、なぜ、こんなC分類が設けられたのかって思うよね。

これは、C分類を設定したことで、総合的な学習の時間で扱うプログラミングがどういうものなのか、明確になったってことなの。ぶっちゃけ、今までプログラミングやるのに必要なタイピングの練習や、スクラッチなどのプログラミング言語の基本的な操作は「総合的な学習の時間でやろう！」って先生がいたのね。でも、本来、総合の学習というのは、「探究な学び」につながらないといけないの。探究的な学びでない総合的な学習の時間って存在しない。だから、わざわざC分類を設けて、教科のねらいに関係なく、プログラミング言語の基礎的・基本的なことを学べる時間を確保したってこと。

利根川　C分類が設けられた背景って、いきなり教科の中でプログラミングを実施するのがむずかしいからでしょうね。

算数の授業で、プログラミングを使って多角形を作図するといっても、そもそもコンピュータの操作がわからない子どもたちや、キーボード入力ができない子どもたちもいますからね。

せめて、プログラミングの基本的な操作やコンピュータの操作については、事前に学ぶ時間を設けておかないと、A分類やB分類の教科のねらいを達成するプログラミング教育なんてできません。だからC分類が必要になってくるのでしょうね。

平井　そうだね。以前は、そういう時間を取るのがむずかしかったけど、C分類ができたおかげで、今後は取りやすくなると思うよ。ただ時間割としては、教科じゃないからどう位置づけるかが難しいね。それに余剰時間でやるとなると、その時間を生み出す工夫も必要だと思う。

利根川　C分類については、コンピュータの操作を学ぶ以外に、プログラミングの楽しさを味わう目的で授業ができるのもいいですよね。いきなり、算数の授業でプログラミングに出会うよりも、それ以外の時間で、教科のねらいに関係なく、ロボットを動かしたり、簡単なゲームをつくったりするほうが、プログラミングの楽しさも味わえると思う。試行錯誤も自由にできたりするので、こういう時間を設けて、プログラミングって楽しいなと思ってほしいですね。

■ DからFはクラブ活動、教育課程外の学び

平井　あとはDからFの分類ついては、簡単ですよね。D分類は、学校のクラブ活動。これは大事にしてほしいな。A分類、B分類やって、もっとやってみたいという子たちの受け皿になる。

D分類とE分類の差は、学校の中と外で、先生がやるか、やらないかの違い。たとえば、E分類のほうは教育課程外で、場所は学校。たとえば、放課後子供教室とか、土曜スクールでプログラミングのワークショップをやったりするのが当てはまるかな。

利根川　PTAとかおやじの会とかね。

平井　F分類については、学校以外の場所で学ぶプログラミング教育ね。たとえば、おやじの会の人が、公民館や児童館など、学校以外の場所でプログラミングのワークショップを開いてくれるとか。そういうパターンだよね。あとは民間のプログラミングスクールだね。

ちなみに、A分類からC分類までは、基本的に小学生全員がやるのだけど、D分類から

F分類は一部の子どもしかやらないという違いもあるね。これは、どういうことかというと、授業でプログラミングを学んで興味を持った子が、さらに高度な内容を学べるように、その環境を用意しようってことなのです。授業では、スクラッチしか使わなかったけど、パソコンクラブだったら、ロボットにさわることができるとか。

利根川 クラブ活動は、プログラミング教育を始めるきっかけとしてもいいですよね。ロボットといっても、いきなり授業に組み込むのはむずかしいですから。一部の子どもたちと一緒にクラブ活動でやってみて、反応を知るということもできる。

平井 そうそう。あとはね、もう一ついいことがある。クラブ活動でどんどんプログラミングを学んだ子どもたちが、今度は教室に戻ってきて、先生よりできるようになっているのがいいよね。授業の中でリーダーにもなれるから。

利根川 DからF分類に関しては、どんどん、外部の人がプログラミングを教えてもいいと思う。民間企業のプログラミングスクールでも、教育委員会の生涯学習の人でも、いろんな人が関わってプログラミング教育を盛り上げることができると思うなぁ。

平井 そうそう。私も、どんどん外部の人に入ってもらうのがいいと思う。そもそもプログラミングに興味を持った小学生って、どんどんスキルを伸ばしていくので、専門的な知識を持った人が関わってくれると嬉しいよね。学校のパソコンクラブだって、学校の先生がやるのではなく、外部の人を巻き込んでやってもいいし。

利根川　みんなのコードでは、加賀市と協力して、地域に「コンピュータクラブハウス※」をつくりましたよ。子どもたちが、いつでも、安全に、テクノロジーにふれられる場なのですが、こうした場所も、将来的には増えていくと嬉しい。

平井　まあ、AからF分類をまとめると、小学生がプログラミングにふれる機会、学ぶ機会をこれだけ用意しとけよってことですね。学校だけで抱え込まないで、地域や外部の人を巻き込みながら、プログラミングが学べる機会をたくさんつくりましょうよってことですね。

■ A~Fという分類の意味するところ

利根川　あとは、そもそも、どうしてこのよう

▲コンピュータクラブハウス加賀オープニングの様子
※99頁参照。

なAからFの分類が設けられたのかもふれておいたほうがいいですよね。

直接聞いたわけではないので、私なりの理解になりますが、このA〜F分類が意味するところって、レベルの異なるゴールだと捉えています。というのも、プログラミング教育というのは、先生のICTスキルや学校のICT環境によって取り組み方も違うし、それによって学校の目指すゴールも異なります。

これが出るまでは同じ「プログラミング教育」という言葉を聞いても目指す姿が異なり会話が噛み合わないということがよくありました。

たとえば、プログラミングをやったことがない先生にとっては、まずは「学習指導要領が例示した算数の正多角形でプログラミングを始めてみよう」ということが多いと思うのですが、プログラミング経験のある先生やコンピュータが得意な先生にとっては、もっとアイデアを膨らませて、発展的な授業ができますよね。

あるいは、プロのエンジニアが学校のプログラミング教育をサポートしようというときにはさらに意欲的な取り組みができますよね。だから、それぞれの児童生徒、学校や先生の状況を踏まえながら、プログラミング教育ではこういうゴールを目指しましょうと、いくつも示したのが分類の意味だと考えています。

プログラミング教育の時間が足りない？

平井　でもさぁ、この分類があることで、授業におけるプログラミング教育の位置づけは明確になるけど、やっぱり、時間が足りないよね。二〇二〇年度から小学校では、英語の授業数も増えるわけだし、道徳も教科化される。もともと学校行事も多いし、今は先生の働き方改革も問題になってきている。そんなことを思うと、プログラミングに使える時間が足りないよなぁ。これ考えると、「本来学校でやるべきことって何か？」って見直す時期に来ているってことなんですよね。

利根川　特に高学年は、時間が足りないですよね。

平井　学校って三十五週を単位としてやっているのね。週一時間となると、三十五週なら三十五時間あるわけです。でも実際は、一年は三十五週以上あって多いわけですよ。

この多い時間を余剰時間と言って、たとえばインフルエンザの休校にあてたり、行事などに使っていたりするわけです。だから、プログラミング教育も余剰時間をうまく使って、カリキュラムをちゃんとマネジメントすれば、一応、可能ではあります。

でも、小学校ってやることが多いでしょう。本当にそんな環境で、子どもたちが楽しめるようなプログラミング教育ができるのって思うわけ。

利根川　余剰時間をきちんとカウントして、カリキュラム・マネジメントをすることが必要になるわけですね。

平井　そうそう。

ちなみに、学校では担任や教務主任がカリキュラムを管理しているのね。どのクラスで、何時間、プログラミングの授業をやったとか、全部管理しているの。それを教務主任がきちんと位置づけて、一年の終わりに「教育課程実施状況報告書」という資料を教育委員会に提出するのだけど、余剰時間をどのように使ったのかも報告しないといけない。

たとえば、さっきの、教科のねらいに縛られないC分類のプログラミングなんかが、余剰時間で実施されて、きちんと「C分類でプログラミング教育をやりました」と報告できるような学校だったら、すごいなと思う。ちゃんと管理できている証拠だからね。

利根川　なるほど。学校は、カリキュラム・マネジメントについて、きちんと説明できることが重要なのですね。以前だったら、「スクラッチでゲームをつくるプログラミング学習は総合だろう」という曖昧な判断も多かったのですが、今は、プログラミング教育の目的も明確になって、時間の管理も求められているということですね。

ぶっちゃけ、小学校の先生がプログラミングを教えられるの？

平井　あと世の中でよく言われるのは、「本当に小学校の先生がプログラミングを教えられるの？」ってことだよね。

先生自身、プログラミングを学んだことがないのに、子どもたちに教えられるのかって。実際、プログラミング経験のある先生はごくわずかだしね。だからこそ、利根川さんのみんなのコードや、私なんかが教員研修に呼ばれて、プログラミングを先生たちに教えているわけだけども。

利根川　確かに、そういう声もありますが、まったくプログラミング経験のなかった先生でも、良い授業をされる方ってたくさんいらっしゃいますよね。

研修を受けて、教材研究も自分でされて、私たちが思いつきもしないような面白いプログラミングの授業を見せてくれる先生っていますね。もちろん、一方では、苦手意識を持っている先生も多いですが。

ただ、やっぱり重要になってくるのは、先生のマインドチェンジかなと思います。

なぜなら、プログラミングは今までの学校教育にはない新しい教育だし、完成された教授法があるわけでもありません。ほかの教科のように先生が知識を教える場面も少ないし、そもそもプログラミングは子どもたちが主体的に取り組むものなので、授業が予定調和に進まないことも多い。だから、先生がプログラミングは既存の教育とは違う、ということを認識するのが大切だと思います。

平井　そうそう。だからこそ、古い教育の価値観を変えていく教育改革の切り口として、プログラミングを扱うのがいいと思う。

既存の学びじゃない、新しい学びだからこそ、学校や学習を変えるきっかけになると思うんだよね。一番、防がなきゃならないのは、プログラミングの写経だけはやめたいね。先生の言ったとおりやって、打ち込んで、動いた、バンザイ、で終わるような授業。そこだけは避けたいな。きちんと研修でも伝えていかないとなって思うよ。

■マインドチェンジが先か、プログラミング体験が先か

利根川　むずかしいのは、先生のマインドチェンジが先か、プログラミングをやるから先生がマインドチェンジをするのか。どっちが先かなってところですね。

たとえば、みんなのコードがプログラミング教材として提供している「プログル※」は、「とにかく、やってみましょう」という教材なんですね。だから、変な話、先生がマイン

※124頁参照。

ドチェンジしなくても、プログラミングがやれてしまう。従来の、既存の教育の考えでも、授業ができてしまいます。

でも、実際に先生にプログルをやってもらうと、「子どもがちゃんと考えるようになるね」とか、「これなら、子どもたちが真剣にやるね」というポジティブな反応があるわけです。要するに、先生たちもやってみて初めて、プログラミング的思考とか、プログラミングの良さや大事さに気づくんですよね。だからこそ、そこから、「プログラミングを教えるときは、従来の指導方法を変えないとな」って、考えるきっかけにつなげてほしい。

みんなのコードとしては、やってみて深まりが出るというアプローチで、プログルを提供しているんですよ。

平井 うーん、むずかしいよね、やっぱり。最初から、先生の意識を変えようと思ったって変わらない。

だから、先生たちが自分でプログラミングを体験することが大事ですよ。そうすれば、実感しますよ。「ああ、プログラミングってこういうことなんだ」って。その瞬間が一番面白いね。先生たちの顔、変わりますから。

先生のマインドチェンジが重要

だから、我々のような立場の人間は、プログラミングの面白さを実感できるような研修を提供することが大事だと思う。その体験を通して、マインドが変わっていくというのがいいかなと思う。

利根川　私がよく言うのは、「子どものつもりで体験してみよう」ってことですね。

ツールは、スクラッチでも、ビスケット(Viscuit)※でも、プログルでもなんでもいい。「これはB分類に入るかな?」とか、「プログラミング的思考につながるかな?」とか、そういう話は一旦横に置いておいて、純粋に、「ああ、プログラミングっておもしろいな、こんなことできるね」と、「子どもになったつもりでやりましょう」って言うんです。でも、これね、意外と小学校の先生

プログラミングの面白さを実感できるような研修でマインドが変わっていく「子どものつもりで体験してみよう」

※ビスケット
ビジュアルプログラミング言語。226頁参照。

に話すと、皆さん、ちゃんとやってくれますね。日々、子どもと接しているせいかな。

平井 それは小学校の良さだよ。中学校や高校とは、全然違うね。中高と小学校は、異次元ってくらい別世界だからね。子どもたちとの距離感が半端なく近い。

■子どもよりプログラミングができる必要はない

利根川 そう、私もね、もしかしたら、日本の小学校の先生のいいところかもしれないって思う。研修でプログラミングの模擬授業をすると、先生たち、すごくいいリアクションをしてくれるんですよ。

「今日は五年生になったつもりで、プログルで正三角形を書いてみましょう」と言うと、ちゃんと、まじめに子どもになったつもりで模擬授業に参加してくれます。学校の先生としては当たり前かもしれないですけど、世界的に見ても結構めずらしいというか、そこは本当にいい特徴だと感じています。子どもの目線になって考えているのが伝わってきますから。

平井 私はね、いろんな国の学校に行ったけど、日本の小学校の先生の力って、世界トップレベルだと思っているよ。小学校の先生の思考は柔軟だし、アクティブラーニングを普通にできる先生も多い。

だから、プログラミングをやって、「なるほど!」と思ってくれたときには、すっと入る。そういう研修の機会をつくりたいなって思っている。幸い今は、いろんな市町村が研修会をどんどん開いているので、いずれ変わっていくことを期待したいね。

利根川　そうですねぇ。でも、小学校の先生を見ていて思うのは、教師のほうが子どもよりも、プログラミングができなきゃいけないと考えている人が多いこと。そんなことないのになぁって思います。

平井　あー、わかる、わかる。

私も、自分の研修でいつも先生たちに言っているの。「子どもの上を行こうなんて思わないでください。無理ですから。絶対、向こうのほうが上だから」って。

だって、考えてごらんよ。今の子どもたち、何歳からデバイスにさわっているの? 成人になって初めてコンピュータにさわった人間と、生まれたときからさわっている人間はレベルが違うよ。レベルが違いすぎるから、子どもたちは絶対できるの。放っておいてもできますからね。だから、研修では「できないのは、先生たちのほうですから」って言っている。だから僕は、アンプラグドから始めているの。そのほうが先生方が実感してわかりやすいかと思って。

■一歩リードするくらいの心構えで

利根川 ある先生が言っていたのは、「一歩だけリードして始めればいい」ということ。子どもたちには、どうせ、すぐ追いつかれるけど、授業が始まるときは、先生が一歩くらいリードしておこうと。そのくらいの心持ちで進めるのがいいんじゃないかって話されていて、なるほどどと思いました。「どの質問がきてもいいように完璧にしておくのは無理だから、一歩リードするくらいの心構えでいいよ」って。

平井 そういうふうに考えるのっていいよね、すごくね。

利根川 たとえば、子どもたちがよくプログラミングで突っかかるところ、こうしたほうがいいなと思う部分を押さえておいて、授業をやればいいって。

平井 そのよく突っかかる部分というのが、先生たちが自分でプログラミングをやってみないとわからないところだよね。

スクラッチをやってみて、自分がつまずいてしまったら、そこは子どももつまずくから、そこを押さえておけばいい。でも、そんなこと、何もやらないで、いきなりわかるのは無理だから、実際に先生が、プログラミングを体験することってとても大事。

■上手い子が先生役で活躍できる場をつくればいい

平井　そもそもさぁ、プログラミングをやったことがない先生が、子どもの上を行くなんて無理だよ。だって僕らだって、子どもに抜かれるもん。抜かれるというか、私なんか子どもに質問してしまう。「これどうやったの?」って。

でも、先生はプログラミングのプロでもないから、子どもより上である必要はない。それよりも、授業を組み立てるのが僕らの仕事だから、先生はそこで力を発揮してほしいな。

利根川　平井先生と以前話したときに、似たような話題で印象深いのがあったな。「六年生の体育、先生たち児童と張り合わないよね。六年生とサッカーを張り合ったら、ケガするでしょ」という話。

平井　そうそう、そういう話したことあるね。

体育の専科でもない限り、六年生男子と勝負すると、先生たち、アキレス腱切っちゃうよ(笑)。音楽だってそうでしょ。もう六年生あたりは、ピアノだって先生より上手い子がいる。水泳もそう。だから、プログラミングも同じだってことですよ。

子どもたちの中に、先生よりもプログラミングのできる子はいて、その子たちが先生役になって活躍できるような場をつくればいいと思う。どんな授業もそうだけど、すべてを先生がコントロールしようと思ったら失敗する。プログラミングも同じだよね。

利根川 そう考えると、もうすでに、小学校の先生ってそういう授業をやっていますよね。たとえば、音楽や水泳にしても、上手い子にお手本を披露してもらいながら教えている。プログラミングも、それと同じで、そういう指導の仕方をしませんかって研修で話しています。

すると、小学校の先生って安心するのかなぁ。「そうか！ 自分が全部を教えなくちゃならないと思っていたけど、そうじゃないんだ」って気づかれるのですよ。これに、気づいているかいないかも、プログラミング教育に対する構え方が違うので大事だと思いますね。

平井 小学校の先生は、普段からいろいろな教科を教えているから、研修でも「だいたい、こういうことがわかればいいよ」というと、「ほっとしました、だったらちょっとできるかなと」というマインドになってくれる人が多いよね。だから研修でも「こんなんでいいんだ！」ってレベルから始めて「これなら

子どもより上である必要はない。できる子たちが先生役になって活躍できる場をつくればいい

できるかも」って思ってもらえることを目指してる。でも、中学校って、そうじゃないんだよねぇ……。

プログラミング教育、小学校よりも中学校のほうが課題多し

平井　中学校では、技術家庭科の「D 情報に関する技術」という内容の中で、「プログラムによる計測と制御」として、すでにプログラミングが必修化されているでしょ。だから、技術家庭科の先生だけがプログラミングをやればいいと思っている先生がとても多い。でも、それ、違うんだよね。数学だって、理科だって、プログラミングが使えるし、アンプラグドだったら、ほとんど全部の教科で使えるからね。

利根川　確かに、そうですね。でも、ここ一年くらいでしょうか。ちょっと、中学校の温度感が上がってきていません？

平井　ある、ある。今まで中学は全然動いてなかったけど、やっと少し動き始めたかなっていう感じがする。地方の研修会にいっても、中学校の技術家庭科の先生が来てくれることが増えてきたからね。

利根川 やっぱり、二〇二一年度から中学校の学習指導要領が始まるっていうのが大きいですね。技術で扱うプログラミングの内容も新しくなりますし。「小学校ではどんなプログラミングを体験して中学校に上がって来るのか気になる」とおっしゃる先生が多い印象ですね。

ただ、中学の場合は、技術の授業で学ぶ以外に、総合でもやらなければいけない。なぜなら、技術の時間でプログラミングに使える時間が圧倒的に足りないからです。だから総合の時間でもプログラミングを扱うのだけど、そうすると、技術の先生だけでなく、ほかの先生もプログラミングを教えられるようにならなきゃいけない。

平井 技術家庭は、三年間で「材料と加工の技術」、「エネルギー変換に関する技術」「生物育成の技術」「情報の技術」と学ぶ内容が四つもあるの。情報だけを見ても、プログラミング以外に教えることが沢山ある。だから、私の感覚だけど、実際に中学三年間でプログラミングができる時間数は、十時間程度だろうね。

利根川 現行の技術家庭でプログラミングが必修化されている「計測と制御」の単元全体でも使えるのは六〜十時間っていう先生が一番多かったかな※。

※平成26年度 中学校技術・家庭科に関する 第3回全国アンケート調査【技術分野】調査報告書
http://ajgika.ne.jp/doc/2015enquete.pdf
より

新学習指導要領で教える内容が増えた

平井　中学校の新しい学習指導要領では、前よりも指導内容が増えたでしょ。計測と制御に加えて通信も入ってきた。今までだと、ＨＴＭＬやスライド作成だけだったのに高度な内容をやらないといけないから、現場の先生たちは困っていると思うよ。

利根川　中学のプログラミングで新しく追加されたのは、「ネットワークを利用した双方向性のあるコンテンツのプログラミングによる問題解決」というものですね。

現行の指導要領では「ディジタル作品の設計・制作」ということで、「ＨＴＭＬでウェブページをつくろう」や「パワーポイントでスライドをつくろう」といった実践が多いようです。そこで新しく「ネットワークを利用した双方向コンテンツのプログラミング」という新しいテーマが追加され、現場の先生方の戸惑いは多いのではないかと心配しています。

プログラミングを教えられる先生が足りない

利根川　それに加えて、技術の先生の問題もあります。技術って時間が少ないので、学級数が多ければ専科の先生もいますが、そうじゃない学校は、ほかの家庭科だとか、数学の先生、さらには非常勤講師が、あまりくわしくないのに技術も教える状態になっています。ここも問題ですよね。

技術分野での新旧内容項目一覧

新(平成 29 年告示)	旧(平成 20 年告示)
D　情報の技術	D　情報に関する技術
(1) 生活や社会を支える情報の技術 ア　情報の表現の特性等の原理・法則と基礎的な技術の仕組み イ　技術に込められた問題解決の工夫	**(1) 情報通信ネットワークと情報モラル** ア　コンピュータの構成と基本的な情報処理の仕組み イ　情報通信ネットワークにおける基本的な情報利用の仕組み ウ　著作権や発信した情報に対する責任と，情報モラル エ　情報に関する技術の適切な評価・活用
(2) ネットワークを利用した双方向性のあるコンテンツのプログラミングによる問題の解決 ア　情報通信ネットワークの構成，安全に情報を利用するための仕組み，安全・適切な制作，動作の確認，デバッグ等 イ　問題の発見と課題の設定，メディアを複合する方法などの構想と情報処理の手順の具体化，制作の過程や結果の評価，改善及び修正	**(2) ディジタル作品の設計・制作** ア　メディアの特徴と利用方法，制作品の設計 イ　多様なメディアの複合による表現や発信
(3) 計測・制御のプログラミングによる問題の解決 ア　計測・制御システムの仕組み，安全・適切な制作，動作の確認，デバッグ等 イ　問題の発見と課題の設定，計測・制御システムの構想と情報処理の手順の具体化，制作の過程や結果の評価，改善及び修正	**(3) プログラムによる計測・制御** ア　コンピュータを利用した計測・制御の基本的な仕組み イ　情報処理の手順と，簡単なプログラムの作成
(4) 社会の発展と情報の技術 ア　生活や社会，環境との関わりを踏まえた技術の概念 イ　技術の評価，選択と管理・運用，改良と応用	

▲中学校の「D 情報の技術」での新旧内容項目一覧
双方向性コンテンツによる問題解決が追加されている
出典：【技術・家庭編】中学校学習指導要領(平成29年告示)解説より作成
http://www.mext.go.jp/component/a_menu/education/micro_detail/__icsFiles/afieldfile/2019/03/18/1387018_009.pdf

平井　これは地域の差がすごく大きいところ。たしかに、講師の先生が教えているケースも多いよね。

しかも、教員養成課程のコアカリキュラムにプログラミングって入ってないね。つまり、これから小学校の先生になる人でも、プログラミングを習わないで小学校の先生になっちゃうということ。さらに免許更新のときだって、プログラミングの研修を受けなきゃいけないと決まっているわけじゃない。一生懸命な先生は、受けるかもしれないけど、全員じゃないからなぁ。

利根川　この界隈って、先生が足りない、時間が足りないで、ないない尽くしですよ、いろいろ（笑）。

平井　結局、小学校でプログラミング教育が必修化になったけど、小学校の教員免許を取るのにプログラミングは必修じゃない、免許更新でも必修でないということが問題だと思う。習ったことないんだから、先生が大変なのは当然だよ。

利根川　私たちも今までは小学校のプログラミング教育に力を入れてきたのですが、これからは中学校にも広げていきたいなと考えていて、いろいろな方の協力を得ながら、さまざまな取り組みを進めています。

中学校のプログラミングについては、みんなのコードとしては、技術と総合の二つで盛り上げていく必要があるかなと考えていて、どっちかだけでもダメ、総合だけでもダメ、技術だけでもダメ。両方でやる方向性が大事だと思っているんです。

平井　中学校のプログラミング教育は、ぜひ、もっと盛り上げてほしいなぁ。ついでに言えば、総合とほかの教科の合科って形でPBL※をやりたいなあって思う。

利根川　先日発表させてもらったのですが、みんなのコードは、グーグル（Google.org）の支援をうけて、中学校向けに「プログラミング教育支援プロジェクト※」をスタートさせました。

このプロジェクトは、全国百万人の中学生にプログラミングにふれる機会の創出を目指したものなのですが、具体的には「教員養成」「無償教材」「実態調査」の三つの支援プログラムを提供します。要するに、今まで小学校で行っていた「プログラミング教材開発」と「教員養成」を中学校でもやっていこうってことです。

二〇二二年度からは、高校のプログラミング教育も本格的にスタートしますし、ぜひ中学校は盛り上げていきたいですよね。

※PBL　プロジェクト学習（Project-Based Learning）と問題基盤型学習（Problem-Based Learning）の二種類ある。課題解決等を通じて行う、主体的・対話的で深い探究的な学び。

※48頁参照。

プログラミング教育よりも前に、ICT環境が課題！

利根川　先ほど、この界隈ってないない尽くしだといいましたけど、一番の課題はコンピュータの台数が足りない学校が、まだまだたくさんあるってことですよね。

平井　そうだねぇ。それは、ホント、課題だよね。今は、全国の小中学校の七割くらいは、だいたい一つの学校に四十台のコンピュータしかない。つまり、一クラス分しか整備されていないってこと。文部科学省はこれを、三クラスに一クラス分くらいの台数に増やしましょうと呼びかけているけど、なかなか思うように進んでいないのが現状かな。

平井　でもさぁ、一クラス四十台分のコンピュータが整備されているといっても

教育用コンピュータ１台当たりの児童生徒数

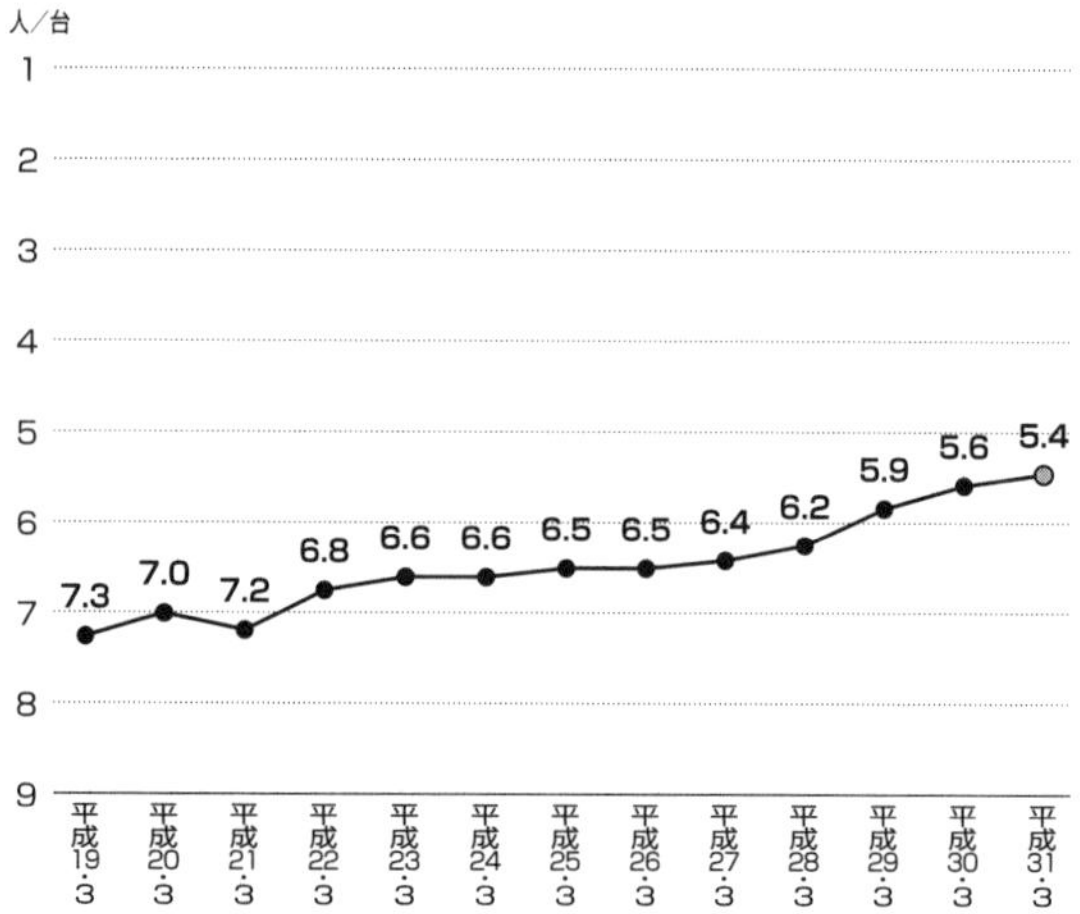

▲教育用コンピュータ一台当たりの児童生徒数
出典：「平成30年度学校における教育の情報化の実態等に関する調査結果（概要）（平成31年3月現在）令和元年8月 文部科学省」より作成
http://www.mext.go.jp/component/a_menu/education/micro_detail/__icsFiles/afieldfile/2019/08/30/1420683_001_1_1.pdf

ね、生徒数六百人の学校と、五十人くらいしかいない地方の学校とでは、子どもたちが使う頻度が、大きく変わるよね。全部の学校に、一律にコンピュータを導入すればいいってものでもない。

利根川 そうですよ。単学級で四十台の世界と、学年四学級の学校全体で四十台の世界では、差がありますよね。

平井 パソコン教室でプログラミングの授業をやるのだって、それはそれでいいのかもしれないけど、先生たちから見れば、決して良い環境ではないよ。だって、パソコン教室は順番に使うわけでしょ。ほかの先生と使いたいときがかぶったら使えないからね。そうなると、先生たちも、「どうせかぶってしまうから使うのをやめよう」という判断になってしまう。これが、今までの日本の情報教育の世界ですよね。

それで、今はコンピュータ室のＰＣをデスクトップからタブレットに変えて、普通教室でも使えるように整備している自治体が多いのだけど。四十台のデスクトップをタブレットに変えたところで、状況は変わらないと思うよ。だって、同じ時間にタブレットを使いたい先生がいるはずだから。使いたくても使えないという状況には変わりない。だから、やっぱりプログラミングをやるなら、コンピュータの台数をそろえることが大切だよね。まあ、この整備については、今度は国をあげて一人一台を進める方針だから※、早期

※１６２頁脚注参照。

実現を期待したいね。

利根川　あとは、コンピュータに関する話だと、スペックの問題、セキュリティの問題もありますね。

■スペックとセキュリティの問題

平井　学校のコンピュータでグーグル・クローム（Google Chrome）などの最新のブラウザが使えないことで動かせないプログラミング言語があるとか、ＰＣのスペックが低くて動かせないとかがある。そもそもセキュリティが厳しすぎてクラウドが使えないとか、本当にもう、ＩＣＴ機器環境にさまざまな問題があって、いつの間にか使えないコンピュータになってしまっている。

この中でプログラミングをやらなきゃいけないのが一番つらいよね。だから、コンピュータの整備とプログラミングの実施状況がリンクしているというのは、いたって当然のことだろうね。もちろん、ないない尽くしでも、やる気があるところは頑張っているけど、それはごくわずかの学校だし。

利根川　逆に、「ウチはＩＣＴ環境がちゃんと整備されていないから、プログラミング教育ができない」という先生の言い訳も聞きますよね（苦笑）。やる気のある学校は、そういう状況でも現場から教育委員会に声をあげて、何が課題かをちゃんと伝えている。校長先生もやる気のある人は、そこにパッションを持っていて、教育委員会にきちんと何をしてほしいかを話しています。やる気がないという言い方は失礼かもしれませんが、何もしない学校は、その状況が変わらないわけで、結局、子どもの将来が毀損されてしまう。

■キーパーソンは校長先生

平井 管理職にやる気があるか、ないかは、本当に重要だよね。

利根川 私も教育分野に入ってからわかったのですが、子どもたちに新しい授業を届けるって、突破しなくてはいけない壁がものすごく多いですね。

たとえばプログラミング教育の場合だと、文科省の政策を理解して、プログラミングが学べるICT環境を自治体が整備して、さらには先生に対しても教員研修を行って、各学校で授業を実施するためには、そこから先生個人が教材研究をしなくちゃいけない。こういう状況だから、いろんな人が、「プログラミング教育をやろう」ってならないと、なかなか進まないという現状がありますよね。

でも、そういう状況でもキーパーソンになるのが校長先生。校長会の言うことって教育委員会の人は結構、耳を傾けるんですよ。だから、校長が一人動くと、「A小学校でやっているのに、Ｂ小学校はやっていないのはまずい」という考えが生まれて、地域で足並みをそろえる動きも出てくる。つまり、校長先生たちがプログラミングやろうと思うことが、とても大事なキーポイントですよね。平井先生も、私たちも、校長先生向けの管理職研修は、最近特に力を入れていますよね。

平井　管理職とか、教育委員会の指導主事とか。リードする人間が変わっていかなかったら変わらないからね。

　だからといって管理職はプログラミングができなきゃダメってことじゃない。これからの社会を生きていくのに必要だってことを理解してくれるだけでいい。

利根川　今まではやっぱり、尖った先生がプログラミング教育をリードしてくれて、いい授業をつくってくれたと思います。それが二年前くらいの話。でも今は、プログラミング教育を広める段階なので、そうなると校長先生がキーパーソンになる。校長先生が、このＩＣＴ環境じゃ駄目だといえば、教育委員会も話を聞いてくれることが多いし、校長先生のトップダウンで、すべての先生がプログラミング教育に取り組んでいる学校もある。校長先生の影響力ってすごいです。

■保護者や有権者も意思表示できる

利根川　あとは、教育委員会も動かしていく必要がありますが、これは、意外にも保護者の方の「ICTやプログラミングに力を入れている学校だから選びました」という声が響くのかなと思います。

もう一つ強いのは、議会・議員ですね。教育政策に力を入れている議会議員を選挙のときに投票することも、プログラミング教育を推し進めるきっかけになります。地方の議員さんって結構、直接会えることが多くて、そのときに訴えることもできるわけです。つまりね、言いたいことは、「学校がんばれ」って他人事ではなくて、いろんな人が公立小学校のプログラミング教育に関わっていけるということなのです。「うちの市のICT環境が進まない」って言う前に、あなたも何か意思表示できるはずですよと伝えたいですね。

平井　そうだね。いろいろな人の意識を変えるためにも、私たちは、正しい情報を提供していかないとね。「社会はこんなに変わっていくんだ。だからコンピュータの知識、プログラミングは大切なんだって」いう情報が必要だと思う。

地方へ行けば行くほど、それが薄れてくるので、伝わっていないなぁと思うことがある。地域格差は、そういうことから生まれるかもしれないから、誰か一人、新しい情報に精通した人がいるといいよね。

利根川　地方でも、突然変異みたいな自治体があって。私が関わった石川県の加賀市※もそうでしたが、市長のアンテナが非常に高かった。みんなのコードのオフィスがまだボロマンションだったときに来てくれて、「このままだとうちの市、なくなるから。加賀市に力貸してください」って。おかしいですよね、首長が、社員数一人のＮＰＯの代表に、しかも私の親世代ですよ、頭を下げてくれるのです。

それで、「プログラミング教育を全校でやる、クラブも含めて学校外でもやりたい」と言ってくれた。地方だからといって、あきらめるのではなく、なんとか地域でやっていきたいと。こういうパッションを持っている人は地方にもいると思うので、上手くつながりながら未来をつくっていきたいですね。

ヘルプの声をあげることも大切！

平井　やっぱりさぁ、最後は人だよね。先生や管理職が上手くできなくても、プログラミング教育を助けてくれるような組織はあるのだから、そういう所とうまく結びついてやればいいと思いますよ。たとえば、みんなのコードにコンタクトするとか、あるいは、文科省も総務省もアドバイザーの派遣をやっています。そういうのを上手く使って、新しい情

※99頁参照。

報を取り入れながら、やっていくことが大事ですね。

利根川 そうそう。変な話だけど、平井さんも私も、ほかのアドバイザーも同じだと思うのですが、「もうダメェ！自分たちだけじゃできない〜！」って声をあげてもらえると、どうにかできるのになって思いませんか？

平井 そうだね。たしかに。

利根川 だって、平井さんも私たちも、これまで全国のいろいろなケースを見ているので、こういうことに困っていたら、この処方箋が効きますよ、というようなノウハウを提供できます。だから、困った自治体があれば、手をあげてくれるといいなと思います。日本国内ではプログラミング教育に関しても、ノウハウがだいぶ蓄積されてきたと思うので、支援できる企業や団体がほかにもいるかもしれませんが。

平井 そこは、手をあげて「助けて」って言ってくれると嬉しいよね。それだけで、その子どもたちは救われる。

利根川 平井さんも、私も、全国のあらゆる教育機関に行っていますからね。

平井 山奥の学校で、全校生徒が小中合わせても百人未満という学校に行ったことがあるの。「プログラミング教育をやりたいから教えてくれ」って言われて。それでも、校長先生の熱意があったから、すごく上手く行った。校長が、自分はプログラミングとか、ＩＣ

Tが使えなくてもいいけど、子どもたちはそうはいかない。すごく頭が柔軟で、危機感を持っていて、ああこんな校長がいっぱいいるといいなと思った。一方で、「俺がこの学校にいる間は、そんな新しいことをやるな」という校長もいるけどね（笑）。

でも、そんな校長先生のためにプログラミング教育の管理職研修をよくやるんだけど、研修を受けて意識が変わる校長先生もいっぱいいるからね。今まで、プログラミングってぼんやりとしかわかってなくて、不安や拒否感を持ってたけど、研修を受けて中身を知ると、「あ～！ なるほど～！」となる校長先生も多い。

そうすると、もともと校長先生になるような人だから、何かやりたいと思っているし、いろんな勉強もしているからアクションが生まれる。たまたまＩＣＴとプログラミングに関する知識が抜けているだけの話だから、そこに新しい情報を与えて、納得すれば、校長先生は動きだすんだよね。

■先生に一番響くのは子どもたちの反応

利根川　あと管理職が動くのは、プログラミング教育が必修化されて、指導要領が変わるのも影響していると思いますよ。たぶん、これがなかったら動かなかったと思います。ただ、校長先生って元は先生じゃないですか。だから、プログラミングで子どもたちが変わる、子どもの反応がいいという話をすると刺さる人が多いような気もします。「時代はソサエティ5・0だからプログラミング教育が必要だー!」という話し方をするよりも、「子どもたちが変わる」という視点で話をする方が、よっぽど興味を持ってもらえますね。

平井　時間があればね、僕は学校行って、プログラミングの授業をやるんです。その様子を担任の先生に見てもらって。すると、子どもたちはもう、集中してやるわけですよ。そういう姿を見せると、いつもの担任のときの授業と全然違うぞってなる。

利根川　「あの子が四十五分まじめにやっている!」みたいな。

平井　なんで、あの子がまじめにやっているんだ、いつもちょろちょろしているのに、プログ

プログラミングで子供たちが変わる、「なんであの子がまじめにやってるんだ?」

ラミングになると夢中になってやっている。その姿を見ただけで、プログラミングって、子どもにとっていいものだと実感してくれる。これを見せるのが、理解してもらうのに一番効くよね。

利根川　わかります！　学校の先生は、そこが響きますよね。正直、先生たちもともとはＩＴとか、プログラミングってあまり興味ないですよ。だから、私も学校の先生にプログラミング教育の話をするときは、視点を変えています。「普段の授業で、全然、食いついてこない子が、プログラミングだとこうなりますよ」って言うと、なるほどねって刺さる。逆に、ＩＴ業界の人とプログラミング教育の話をするときは、そういう話はしない。プログラミング教育って、相手に合わせて話を変えないと刺さるポイントが違うから。

平井　実際ね、僕はね、授業を見せられないときはビデオを見せているよ。プログラミングを学んでいる子どもたちの動画を見せて、「子どもがこんなふうに変わっていくよ、普通の学校でもこうなりますよ」って話すのだけど、これも結構、先生たちの反応がいいよ。子どもの学ぶ姿を見せながら、「こういうふうにすれば、現場で無理なくできますよ」って。校長先生の立場になると、先生方の負担が増えるのを恐れる人もいるから、「こういうふうにやったら無理なくできますよ」っていう方法を教えるの。やり方までトータルで説明すると、一時間半から二時間くらいかかってしまうけど、多くの人は納得してくれていると思います。

利根川　大事なことって、「子どものつもりでやってみる」「授業のイメージをつかむ」「実際に授業をやってみる」、この三つかなと思います。結局、今、平井さんが仰ったように、プログラミングの授業を見てイメージを持っておくと、後から自分ごとになりやすい。「こういう授業やりたいよね」とか、「あの子が四十五分座ってくれるかな」みたいな、そういうイメージができるようになると、A分類だけじゃなくて、B分類もやってみようかなって広げられる。

平井　だからさ、ほんと、溺れる前に「助けて！」って手をあげてほしい。早めに言ってもらえると、できることもいっぱいあるから。ただ、今の制度の中ではさ、支援できる人の数が限られているから、せめて各県で、県教委レベルで支援体制を充実させてほしいなと思う。教員研修を担当する指導主事だって、プログラミングの勉強が必要だろうけど、日常的に、継続的に学校に関わっていくのは、自治体の指導主事や校長だからね。県レベルでリーダーを育成して、学校の先生にもそれを還元してくれないと困るよね。文科省も、各県の指導室を対象に研修もやっているから、少しずつ、変化につながっていくんじゃないかな。確実に前進はしていると思う。

THEME 3

本当にプログラミングって学ぶ必要があるの？

――ここまで、プログラミング教育の現状やさまざまな課題について理解を深めることができました。そのうえで、もう一度、お二人にお聞きしたいことは、「本当にプログラミングを学ぶ必要があるのか」ということです。プログラミングに関しては、多くの大人が、「学んでおくほうが、子どもの将来にも良いだろう」と思っていることでしょうが、本当にプログラミングを学ぶ必要はあるのでしょうか。何が子どもたちにとって、そんなによいのでしょうか。

テクノロジーの進化で、社会や仕事が変わる未来

利根川　なぜ、プログラミングを学ぶのか。これはもう、何度でもお話する必要がある部分だと思っています。というのも、この部分がきちんと伝わらないと、プログラミングの授業をすること自体が目的になってしまうからです。これまでも、そんな授業をたくさん

見てきました。

プログラミングに限らず、どんな仕事でも、人はなぜ、それをやるのかを理解していないと本気では取り組めません。だから、プログラミングも同じだと思っています。本当にプログラミングの必要性を理解していない先生は、「プログラミング教育ってどこまでやっておけばいいですか?」みたいな質問がきますからね。そういう質問が来ると、私、この研修のどこが失敗だったかなって考え込んでしまうわけですが……。

平井　私も、同じ質問をされたことがあるよ（笑）。

■社会はすでに変わり始めている

利根川　私がプログラミング教育の目的として、よく話をするのは「社会が変わるから、プログラミングを学ぶことが必要だ」ということです。子どもたちが社会に出ていくにあたり、必要な資質・能力を育むのが学校教育の場ですよね。だったら、「まずは学校や先生たちが、社会がどのように変わっていくのかを考えましょう」と言います。そのときに、平井さんと一緒に登壇したときに知ったこの「The Future of Work※」の動画をよく見てもらいますね。

※14頁参照。

平井　あー！　この動画。利根川さんも研修で使っているんだ（笑）。

利根川　研修では、この動画を先生たちに見てもらって、その後に、皆で未来に必要な資質・能力って何だろうと一緒に考えます。この動画、アマゾン（Amazon）の倉庫に人はいないし、鉱山で動くキャタピラーも無人。車もすべて自動運転で動いています。農業も機械で自動化されているし、巨大３Ｄプリンターを使って、災害用の仮設住宅もつくっている。

平井　あと、レジなしで買い物ができるAmazon Goとか、ドローンの配達とかね。この動画を見ると、「これからの社会は、こんなふうに変わるんだ！」って実感するよね。

■必要なのは、コミュニケーションスキル、クリエティビティ、スペシャリティ

利根川　そうそう、でも、それだけじゃないですよね。これからは、職業だってどんどん変わっていっていく。

平井　そのとおり。今ある職業はなくなっていくし、逆に新しい仕事がどんどん増えるよね。子どもたちが生きる未来って、本当に今とはまったく違う世界だろうね。

利根川　あと十年もすれば、社会は大きく変わりますよ。

平井　だからね、私の教員研修では、先生たちに「どんな仕事が残ると思う？」と聞くの。

つまり、どういうスキルがこの先、重要になってくるかという話だね。

私は「残る仕事」って三つの要素があると考えていて。ひとつが「コミュニケーション能力が必要な仕事」、それから「クリエイティビティが必要な仕事」、そして最後は「スペシャリティ、特殊な知識や技能が必要になる仕事」。

だから、コミュニケーションスキル、クリエイティビティ、スペシャリティの三つが残る仕事に必要なスキルだと思う。逆に考えれば、たとえば、黒板に学習内容を板書して、「これ大事だよ！ 次の試験に出るよ」というような授業で、これらの仕事に必要な力が身につきますかって話だよ。

だから文科省も、今回の学習指導要領で学校の授業を変えようとアクティブラーニング※の視点で授業改革をしようって言ってるわけでしょ。つまり今までの学び方を変えないと、将来に必要な力が育たないって。そういう意味でいうと、プログラミングの学習って、今までの学び方を変えるという意味で、すごくいい切り口だと思うな。

利根川　そうですね。プログラミングはアクティブラーニングと相性がいいですよね。

平井　だって、プログラミング自体が、アクティブラーニングだからね。

つくりたいものや、課題を解決する手段としてプログラミングを使うとか、それ自体が主体的だし。クリエイティビティや、ゼロからものをつくり出す力も、プログラミングを

※アクティブラーニング
主体的・対話的で深い学びのこと。

やっていると養われる。

それだけじゃない。プログラミングって、チームでコミュニケーションを取りながらプログラムを考えたり、わからないことや、問題にぶつかったときに自分で情報収集して調べたりするでしょ。

こういう活動もすごく主体的なうえに、将来必要なスペシャリティな知識や技能につながっていくと思う。だから、これから生きていくためには、プログラミングを体験しているってことが大事だと思うな。生きてくための必要なスキルを身につける手段とでも言うか。

■先生の仕事はどう変わるか

利根川　私も教員研修では、「残る仕事は何だろう」という話をしますね。私の場合はちょっと違ってて、先生の仕事の中身がどのように変わるだろうっていう視点ですが。

たとえば、黒板に板書するような決まった仕事は、コンピュータが得意なことだからロボットに置き換えられます。逆に、低学年の子どもたちの気持ちを察するのは、コンピュータに置き換わるのはまだ時間がかかるから、先生のスキルが求められる。ほかにも、ロボットやコンピュータが校務処理を手伝えるようになると、プログラミングで簡単に効率的に進められるスキルが必要ですよとか。そんな話をしていますね。

そうすると、結局、コンピュータやロボットに代替される仕事が、それほど重要ではないことが見えてきます。先生たちの仕事ってどの部分が強みなのか、どこを頑張ればいいのか、そこに気づいてもらいたくて。

平井　これ、野村総研が出している「生き残る仕事100※」。これを見るとわかるけど、小学校と中学校の先生は残る仕事として書かれているけど、高校の先生はない。なぜかわかる？　高校の授業って、教科書に書いてあることを教えるような授業が多いでしょ。だったら、ロボットが代替できるってことなんだよね。

■単純な作業は人の手を離れていく

平井　プログラマーだってそうでしょ。コードを打ち込むだけのプログラマーはいらない。エンジニアだってそう。言われたことだけをやる人はいらない。単純な作業だったら、もうＡＩやロボットが代替できる世の中になりつつある。

つまりルーティンでできる仕事は人間の手を離れていくってこと。だからこそ、これからの時代は、自分で考えて、判断して、行動できる人間でなければ、お金だって稼げない。単純作業は、今よりも数が減るだろうし、給料も安くなるでしょ。こういう現実にちゃん

※17頁参照。

と向き合って、子どもたちの教育を考えていかないとダメだよね。

利根川　でも、そういうふうに考えてくれない人も多いですよ。社会に出てから、なんとかなると思っている。

平井　特に高度経済成長の右肩上がりの社会を経験してきた年代だね。

これくらいの年齢になると、社会が変わることはわかっていても、自分は逃げ切れると思っているだろうからね。学校の管理職は、「これからの社会は今までの学校の常識は通用しないし、新しい学びに変えていかないと子どもたちが不幸になってしまう」って考えてほしい。だからこそ、学習指導要領だって十年ごとに変わるわけじゃない。

これからの時代に備えて、日本を支える人間をどのように育てるのか。学ぶ内容だって変えていかないと、子どもたちは社会に適応できなくなる。すべてはさ、そうやって将来を見据えて、プログラミングや英語教育とか、新しい教育が必要だから取り入れているわけでしょ。そこをもっと、重く受け止めてほしいよね。

■コンピュータは身近なもの。だから、プログラミングで体験的に学習

利根川　そうですね。ただ、プログラミングを学ぶ目的としては、もっと身近な話に落とし込んでいくと、よくわかると思っています。

たとえば、小学校で学ぶ米づくり。実際に学校ではお米がどんなふうに栽培されるのかを体験するために、バケツで稲を育てたりするじゃないですか。それって、日本人にとって大事なものだから、どうやってできるのかを、実際に栽培して理解しようという考え方ですよね。

電気も同じですよね。日々の暮らしを支える電気がどのような仕組みで点いたり、消えたりするのか。理科の実験室で交流の百ボルト使うのは危ないから、乾電池と豆電球を使って回路を学ぶわけですよね。

こんなふうに、すでに小学校では、何かの学習を体験的に学ぶということを、いろんな教科でやっている。だったらプログラミングも同じだと思うんです。これだけコンピュータが身近な社会になったのだから、プログラミングを体験してコンピュータを動かしてみようという話が自然だと思うんです。

ちなみに、私は研修で「皆さんのご自宅にコンピュータっていくつありますか?」という質問をよく出すんですね。すると、だいたい「五個以下」と答える人が多いのですが、「全員はずれで、冷蔵庫や掃除機、電子レンジ、洗濯機などにもコンピュータが入っているので、少なくとも二十個以上はありますよ」と言う。その後に、「そのコンピュータがなかったらどうなりますか。コンピュータなしで生活するの、むずかしいですよね。じゃあ、そのコンピュータを体験できる学習は何だろう、プログラミングですよね」という形でもっていくほうが多い。

つまりね、米づくりを学ぶのは農家になるためでもないし、電気を学ぶのは電気屋になるためでもない。プログラミングだって、プログラマーになるのが目的ではなくて、世の中の森羅万象を理解するために体験的に学ぶ。それって、職業訓練ではなくて、普通教育として義務教育の一環だと思うんです。

プログラミングの考え方は、生活にも必要

平井 私ね、いつも先生の研修でハンカチたたみってプログラムをやるの。一人はプログラマー、もう一人はハンカチたたみロボットの二人一組になって、相手の指示どおりにハンカチをたたむってゲームなんだけど。

ルールは簡単。プログラマーは一回につき一つの指示しか言えない。あと言葉だけで伝えて「ここだよ」って指さしはいけないというルール。ロボットは忖度禁止。プログラマーの指示が明確でなければ動いちゃいけないっていうこと。

利根川 それ、盛り上がりそうですね。

平井　うん、面白いよ、先生たち。相手が「ハンカチを半分に折ってください」っていうでしょ。聞いたほうは、それだと動けないの。「どっちの手で?」「ハンカチのどこを持つの?」「どうやって持てばいいの」って。たとえば、「右手の親指と人差し指で、ハンカチの右上の角をつまんでください」という指示だったら、わかりますよね。でも、「半分に折ってください」という曖昧な指示だとロボットは動かない。

利根川　そこに気づくのがポイントですね。

平井　そうそう。

この活動って、命令を言語化するという、プログラミングの基本だけど、子どもたちがやると、すごく難しい。だから、ある意味、言語化のトレーニングにもなると思っている。だって

二人一組で行うハンカチたたみは、プログラマーが明確な指示を出さなければロボットは動かない

さ、「ハンカチをたたむ」という一連の作業を、一つひとつ分解して、言葉にしなきゃならない。そこから、同じ作業やパターンは繰り返すことができると気づく。これって、プログラミングの「抽象化」ですが、抽象化した命令を考えて、さらに順番に並び変えるとか。ハンカチたたみだけで、さまざまな思考をするのがプログラミングなんだよね。

私はね、こういう考え方を知っていること自体が大事だと思っているの。プログラミングを学ぶ目的も、こういう思考を知ることが大切だと思う。そうすると、物事の考え方や見方って変わると思うし。

利根川　それは、本当にそう思う。プログラミングの思考を知っていると、さまざまな場面で応用がきくというか……。

■全国学力・学習状況調査に思考力を問う問題が出題

平井　それでね、これを見てほしい。「プログラミングの思考とか、そんなのいらない！」と思っている先生もいると思うけど、もうそんなこと言っている場合じゃない。これはね、今年（平成三一年度）、小学校六年生で実施された全国学力・学習状況調査の問題。今年から、算数のA（基礎問題）とB（応用問題）がなくなって、大問四つしかないの。しかも、数式による計算問題はゼロ。全部の問題が思考力を問う問題に変わっている。

3

ともやさんは，421 − 298 や 600 − 201 のようなくり下がりのあるひき算について，次のように計算しやすい式にして考えました。

【ともやさんの計算の仕方】

421 − 298 = ▨
↓+2　↓+2　（変わらない）
423 − 300 = 123

だから，421 − 298 の答えの▨は，123 です。

600 − 201 = ▨
↓−1　↓−1　（変わらない）
599 − 200 = 399

だから，600 − 201 の答えの▨は，399 です。

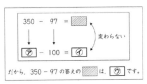

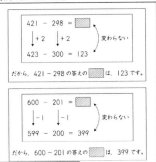

【ともやさんの計算の仕方】を見ると，ひき算では，ひかれる数とひく数に同じ数をたしても，ひかれる数とひく数から同じ数をひいても，差は変わらないのですね。

(1)　**【ともやさんの計算の仕方】**をもとに，350 − 97 について，計算しやすいようにひく数の 97 を 100 にした式で考えます。

350 − 97 = ▨
↓　↓　（変わらない）
㋐ − 100 = ㋑

だから，350 − 97 の答えの▨は，㋒ です。

上の㋐，㋑，㋒に入る数を書きましょう。

▲全国学力・学習状況調査で出題された小学校六年生の算数の問題
単なる計算ではなく、考え方を問う問題になっている。全教科の出題問題と正答例・解説が公開されている。
出典：国立教育政策研究所
https://www.nier.go.jp/19chousa/19chousa.htm

利根川　へぇー。「遊園地で乗り物券を買うために並んで、何分後に買えるか」とか、「あかりさんが観覧車に乗ってから、何分後にはるとさんが乗れるのか」とか、結構、現実的な問題が出ていますね。ちなみに、グーグルの主催するコードジャム（Code Jam）という競技プログラミングでも似たような問題が出ますね。ただ、あちらだと数字が十億とかの桁になるのですが（笑）。

平井　あとは、「計算の仕方をもとにまとめると、どのようになりますか?・」という問題。これ、国語のテストじゃないよ。「答えを割られる数、割る数、商の三つの言葉を使って書きましょう」って。こんなの、ものすごく論理性が問われるし、読解力も必要だよね。

もうわかると思うけど、このような問題が全国学力・学習状況調査の問題として出題されたということは、これが新しく求められている学力だといえる。今までだったら、計算を速く解くとか、そんな力が求められたけど、今は数学の問題も思考力を問うようになった。こういう問題って、国語力もいるから大変だよ。

OECDの学力調査テストにコンピューテーショナル・シンキング

利根川　それでいうと、OECD※が実施している学力調査テスト「PISA（学習到達度調査）」も、二〇二一年から数学分野に「コンピューテーショナル・シンキング」の項

※OECD　経済協力開発機構の略。日本含む約三十カ国で構成され、連携・協力して国際的な調査・研究を行っている。教育につい

目が追加されますね。どのような問題が出るのか、例も発表されましたし。それを見ていると、プログラミングに必要な論理的思考って、ますます必要とされているなと思います。別に日本の学習状況調査だけが、思考力重視の方向にいっているのではなくて、グローバルでも同じ傾向ですよね。

平井　やっぱりさぁ、プログラミングの考え方を知っておくというのは、これからの時代、大切だよね。物事をどう捉えて考えて、整理して、解決していくか。子どもたちに求められる力だよね。

授業では、こういう力を伸ばすのであれば、子どもたちが自分で組み立てたプログラムについて説明させるのがよいと思う。ただプログラムをつくって終わりではなく、ちゃんと理解して、言葉にしてもらう。

こういう授業こそ、学校の先生にしかできないプログラミングの授業だと思うよ。プログラミングができるエンジニアが学校来て教えるときは、子ども

ては政策課題の分析や、教育の改革と実践のための研究を行うほか、学習到達度調査（PISA）も行っている。

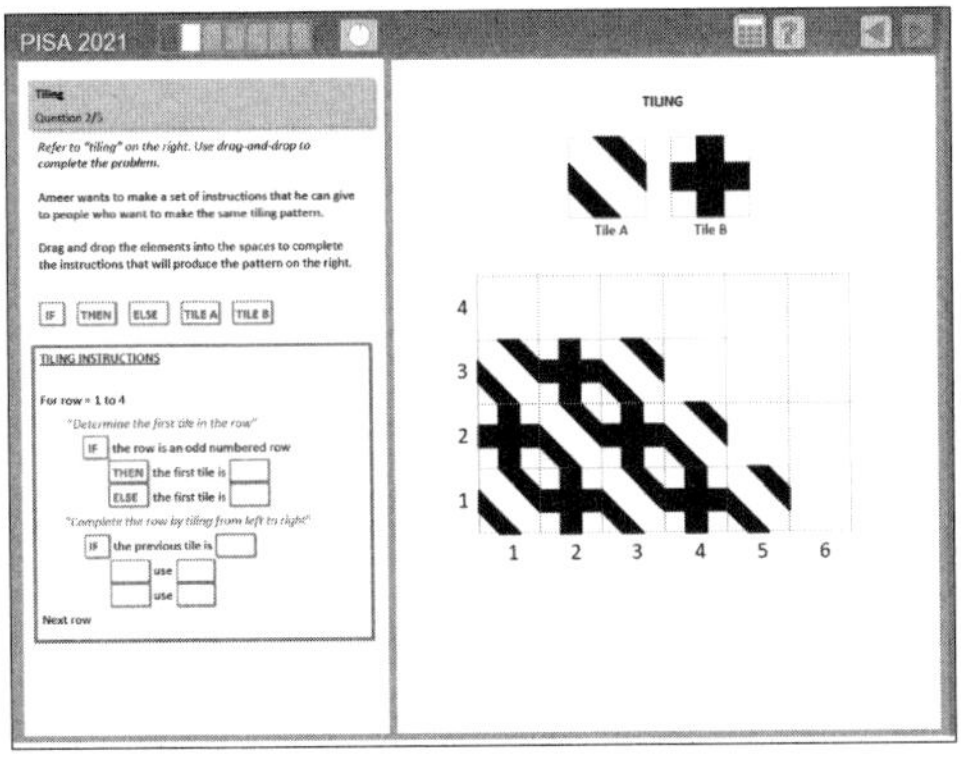

▲「学習到達度調査2021」での「コンピュータ的思考」出題問題のサンプル
出典：OECD Education Today
https://oecdedutoday.com/computer-science-and-pisa-2021/

たちの言語活動まで指導できないからね。こういう部分で学校の先生としての強みを発揮してほしいな。

プログラミングは、子どもたちの可能性を広げる

平井　教育関係者の間では、お金の話になると嫌がる人もいるだろうけど、やっぱり現実社会に目を向けていくことって大事だと思うの。

これから先、単純作業やルーティン作業だけしかできない人間、人から言われたことしかできない人間って稼ぐことはむずかしくなるでしょ。一方で、クリエイティブな発想で、物事を解決したり、新しい価値を生み出せる力を持っている人間は、どんどん稼げるようになる。まじめにコツコツ頑張ることを否定するわけじゃないけど、これからの社会はクリエイティブな力が備わっていることがとても重要だよね。だから、やっぱりプログラミングを学んでおくことって大事だと思う。

利根川　今の社会を見ていると、テクノロジー関係の職業の年収は上がってきていますね。パーソルキャリアが出している業種別の転職求人倍率の推移グラフも（左図）、ＩＴ分野がずば抜けて高い。稼げるかどうかは、その人次第だと思うけど、少なくともプログラミ

ングができると、喰いっぱぐれはしないはず。

平井　食いっぱぐれないし、もっと食えるようになるよ（笑）。それにね、プログラミングができると人生の可能性が広がるよ。仕事の選択肢だってそうだし、考え方や見方も広がるから、生き方も変わると思う。僕は、それくらい、プログラミングを知っている人間と、知らない人間では違うと思っているよ。まるっきり見えている世界が違うから。

業種別の転職求人倍率

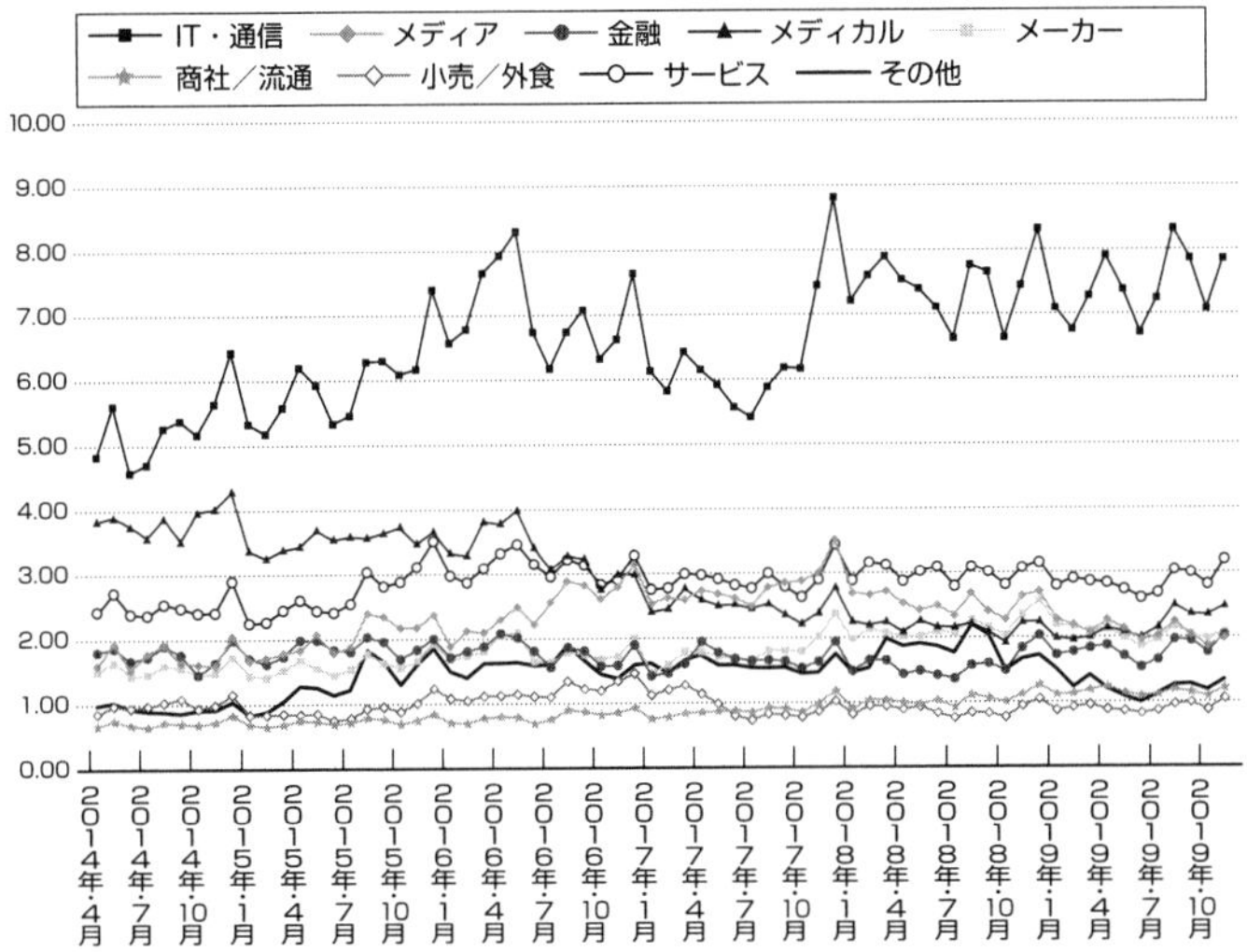

▲業種別求人倍率 IT・通信は突出して高い
出典：出典：パーソルキャリア株式会社「転職サービス『doda』」転職求人倍率レポート（データ）2019年12月9日発表
https://doda.jp/guide/kyujin_bairitsu/data/

■未来につながる新しい価値観

利根川　そうですね。どの産業でどんな仕事に就いても、これから先、どんな生活を送ろうとも、もうＩＴを使わない選択肢ってあり得ないので、やっぱりプログラミングができると世界は広がると思います。

平井　だからさ、保護者も先生も考え方を変えていくことって大事だと思う。何度も言っているけど。プログラミングを学ぶことには価値があるし、可能性だって広がる。従来型の価値観で、まじめにコツコツ勉強して頑張って、いい学校出て、いいところに就職すれば、あとはなんとかなると思っている保護者が多いと思うけど、それがいつまで続くの？　もう、そろそろ破綻しているよ。

利根川　たしかに。保護者は、その価値観から抜け出せないですよね。

平井　今の保護者には、自分の知っている価値観に流れてしまうのではなくて、新しい価値観をもっと知ってほしいな。知らないからわからないではなくて、新しいことに興味を持ったり、ＩＴにふれたりして、学んでほしいよね。

プログラミングができると世界は広がると思う

利根川　社会がこう変わるから、子どもが大人になったときに、どういう資質・能力が必要なのか。それを考えて、親としては、その資質・能力を伸ばす機会を与えていきたいですよね。だから、親としてやるべきは、未来のことを考えることですよ。わからなかったら調べたりしてもいい。それに伴って、子どもにどういう教育機会が必要なのかを考えていくと、プログラミングという選択肢も自然に出てくると思う。

平井　プログラミングを通して、もっと日本の教育を変えていきたいよね。私も、利根川さんも、もっと全国の学校や教育委員会に行って、プログラミングの面白さを伝えていかないとね。

プログラミングの面白さを伝えていかないとね

付録 プログラミング教材リスト

ここでは、第4章でご紹介した以外でも、おすすめのプログラミング教材をピックアップしました。P.113でも述べた通り、いずれもまずは実物を見てさわって試してみましょう。

■おすすめのプログラミング教材

ビスケット(Viscuit) ビジュアル

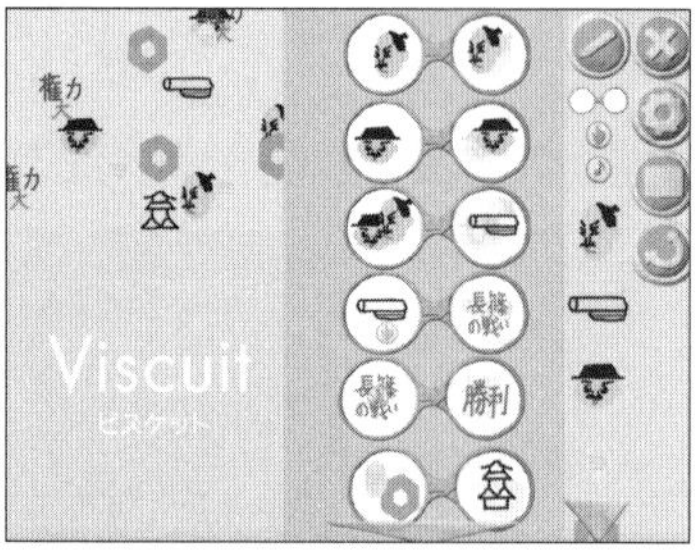

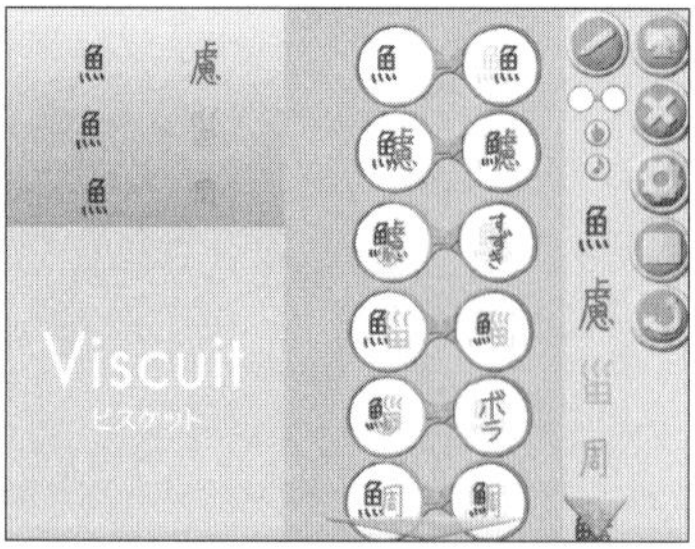

https://www.viscuit.com/
合同会社デジタルポケット
➔P.149もあわせて参照のこと

メガネという仕組みたった一つだけで、単純なものからとても複雑なものまでつくることができるビジュアルプログラミング言語。

現在では全国で3,000校以上の小学校に導入されています。教科での授業例が増加しており、最近では「プログラミングの教育」の範囲を越え、プログラミングを活用した「学習を深めるための新しいツール」としての活用例も増えてきています（詳細は下記）。

PCやタブレットで使用できる各種アプリが無償提供されているので、学校や各家庭で手軽に導入できるでしょう。

<小学校でのビスケット活用例>
https://scrapbox.io/viscuiteducation/

アワーオブコード（Hour of Code） ビジュアル

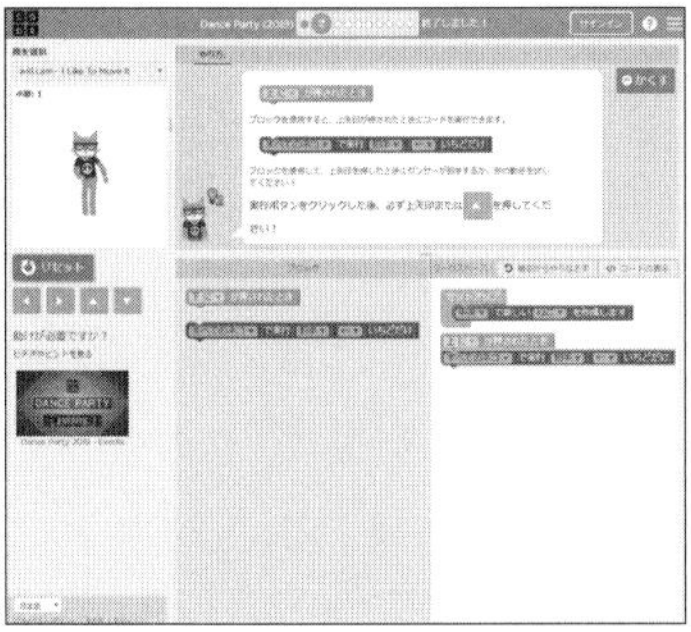

https://hourofcode.com/jp/learn
Code.org
➲P.124もあわせて参照のこと

その名の通り、「1時間のプログラミング学習」を目的にしたサイト。簡単なステージから少しずつステップアップしてプログラミングを学びます。ディズニーやマインクラフトなど人気キャラクターを使用しているため、モチベーションも高まりやすく、中学年がプログラミングするにはもってこいです。

Springin'（スプリンギン） ビジュアル

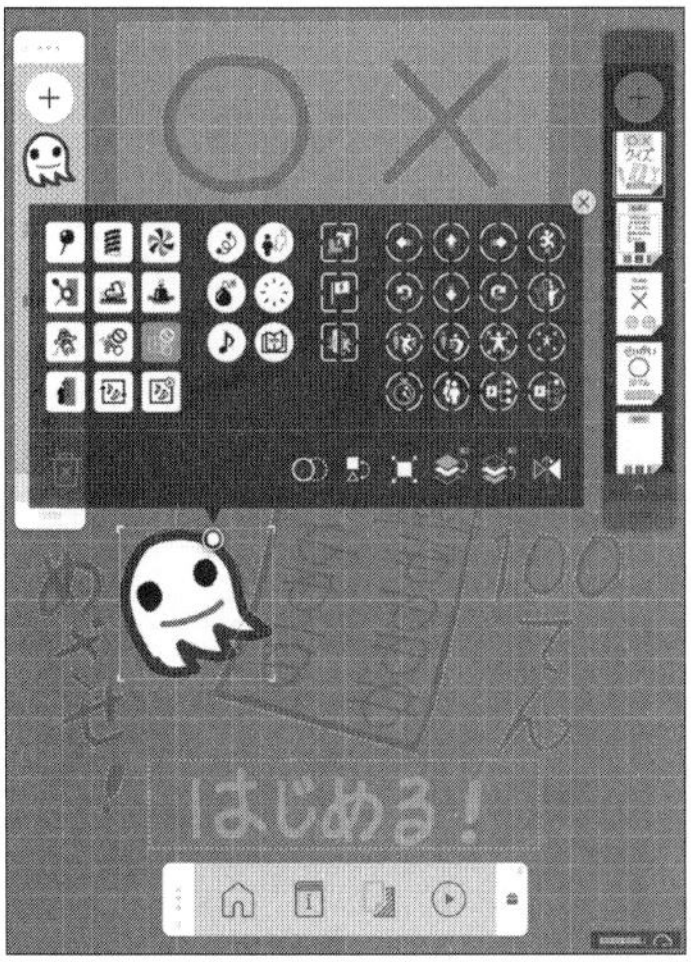

https://www.springin.org/jp/
株式会社しくみデザイン

描いた絵に「回転」「跳ねる」といった性質を関連づけることで、自由な作品がつくれるビジュアルプログラミングです。ユニークなのが、一日一回、アプリを立ち上げたときに貯まるアプリ内通貨のコインで作品を売買できる点。やる気や達成感につながるだけでなく、ほかの人の作品を見て、思いつかなかった工夫に気づいたり、自分なりのアレンジを加えたりすることが期待できます。

プログル 算数・理科　ビジュアル・フィジカル

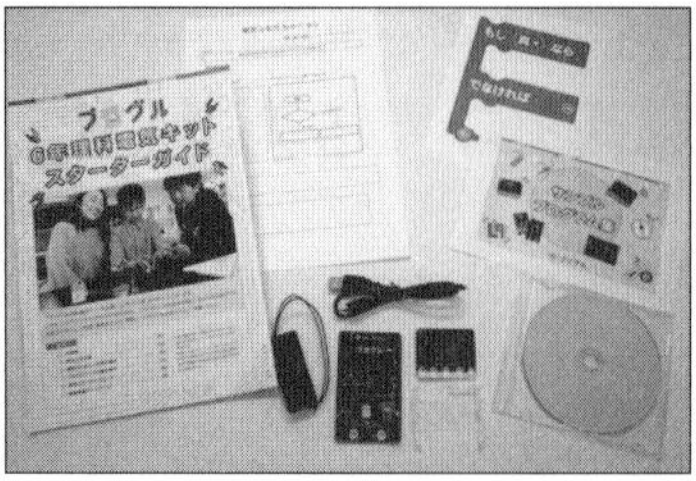

https://proguru.jp/
特定非営利活動法人
みんなのコード

➲P.112もあわせて参照のこと

先生が使いやすいように開発された、プログラミングで算数と理科が学べる教材です。算数は、多角形、公倍数等の5コースで、児童が自力で取り組める課題提示型のビジュアルプログラミング教材です。理科は、micro:bitを活用し、6年生「電気の利用」に必要なものがそろう実験キットです。先生用キットは、スターターガイドやDVDなども充実し、はじめて授業に取り組む方でも導入しやすいでしょう。

embot（エムボット）　フィジカル

https://www.embot.jp/
株式会社インフォディオ

自分で組み立てるロボットプログラミングキットです。キットでクマ型のロボットがつくれるだけでなく、自分でダンボール工作してオリジナルロボットもつくれます。さらに、小型センサー「Sizuku THA（温度・湿度）」「Sizuku Lux（明るさ）」（各別売）と組み合わせれば、温度・湿度・明るさを感知でき、幅広い作品をつくれるでしょう。

アーテックロボ2.0 フィジカル

https://www.artec-kk.co.jp/artecrobo/ja/
株式会社アーテック

ブロックを組み立ててプログラミングする教材です。大きな特長は、ブロック型プログラミングソフトでつくったプログラムを、多くのプログラマーが利用する言語「Python（パイソン）」に変換できること。もっと実践的なプログラミングをやってみたい、という子どもたちにとって、中学校や高校での学習のステップになります。

MESH（メッシュ） フィジカル

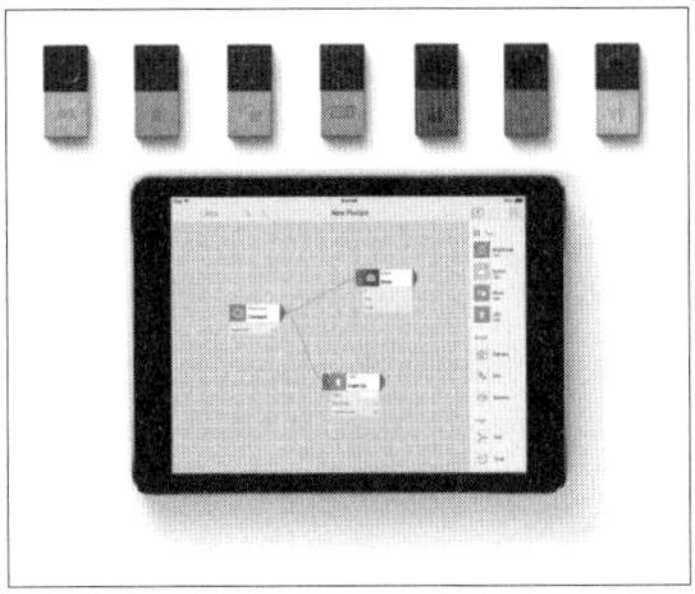

https://meshprj.com/jp/
ソニービジネスソリューション株式会社

LEDや人感センサー、スイッチなどの機能を持つ7種類の小型ブロックです。充電したあとはワイヤレスで動かせます。プログラミングアプリと連携し、複数組み合わせて活用することもできます。理科の実験や図工での作品づくりだけでなく、IoTの仕組みを学ぶうえでも有用です。

■授業事例で使用した教材

ロイロノート　授業支援ソフト・アプリ

PCやタブレットでカードを作成し、それらを並び変えたり、紐づけたりして、考えをまとめるツールです。カードはクラス中で共有できるので、プレゼンツールとしても使えます。授業外でも、各自宿題ノートを撮影して提出・添削・返却まですべてロイロノート上で行う、という使い方もできるでしょう。

➔P.131、141もあわせて参照のこと

https://n.loilo.tv/ja/
株式会社LoiLo

PETS(ペッツ)　アンプラグド

木製のプログラミングロボット。パソコンなどを使わず、命令ブロックをロボットの上部に挿し込むことで、ロボットが動いていきます。付属の紙製のコースシートやカードでロボットに進ませたいコースを考えてから命令ブロックを挿すことで、幼児からプログラミング的思考を育むことができます。

➔P.145もあわせて参照のこと

https://4ok.jp/pets/
株式会社for Our Kids

レゴ® WeDo 2.0　フィジカル

レゴの教育部門が開発した、ロボットプログラミング用のキット。ロボットを組み立てるためのレゴブロックのほか、各種センサーやモーター、それらを接続するスマートハブがセットになっています。専用のアプリで「速度」や「生物の成長」など豊富なテーマを、WeDoでつくったロボットにプログラミングしながら学べます。

➔P.147もあわせて参照のこと

https://education.lego.com/ja-jp/product/wedo-2
レゴ エデュケーション

■編著者紹介

平井 聡一郎（ひらい そういちろう）

茨城県の公立小中学校教諭、校長、教育委員会指導主事等を歴任後、2017年より情報通信総合研究所特別研究員。文部科学省「ICTを活用した教育推進自治体応援事業」ICT活用教育アドバイザー及び企画評価委員、総務省プログラミング教育事業推進会議委員を歴任。

2020年度の次期学習指導要領完全実施に向け、地方からの教育改革を目指し、ICT機器整備のコンサルティング、教員のためのプログラミングセミナーの開催等に取り組む。

利根川 裕太（とねがわ ゆうた）

特定非営利活動法人「みんなのコード」代表理事。2016年 文部科学省「小学校段階における論理的思考力や創造性、問題解決能力等の育成とプログラミング教育に関する有識者会議」委員。

2020年度から必修化される小学校でのプログラミング教育にて、子どもたちがプログラミングを楽しめる授業が日本中に広まるよう学校の先生等への支援を企業・行政と協力しながら実施している。

◆取材協力
愛知県岡崎市立男川小学校／浅野啓／石川県加賀市／一般社団法人未踏／茨城県大洗町立大洗小学校／岡山県総合教育センター／コンピュータクラブハウス加賀／越塚登／武田和樹／東京都世田谷区立東玉川小学校／東京都三鷹市立第一小学校／特定非営利活動法人みんなのコード

◆装幀……Malpu Design（宮崎萌美）
◆写真撮影……谷本 夏（studio track72）（装幀、対談部分）
◆本文デザイン・DTP……田中 望（ホープ・カンパニー）
◆本文イラスト……四季ミカ
◆執筆・編集協力……相川いずみ／神谷加代（対談部分）

なぜ、いま学校《がっこう》で
プログラミングを学《まな》ぶのか
ーはじまる「プログラミング教育《きょういく》」必修化《ひっしゅうか》

2020年 2月5日　　初 版　第1刷発行

著　者　平井《ひらい》 聡一郎《そういちろう》・利根川《とねがわ》 裕太《ゆうた》
発行者　片岡　巌
発行所　株式会社技術評論社
東京都新宿区市谷左内町 21-13
電話　03-3513-6150　販売促進部
03-3513-6166　書籍編集部
印刷／製本　港北出版印刷株式会社

定価はカバーに表示してあります。

ISBN978-4-297-11087-1 C3055

Printed in Japan

■ご質問について
本書の内容に関するご質問は、下記の宛先までFAXまたは書面にてお送りください。弊社ホームページからメールでお問い合わせいただくこともできます。電話によるご質問、および本書に記載されている内容以外のご質問には、一切お答えできません。あらかじめご了承ください。

宛先
〒162-0846
東京都新宿区市谷左内町 21-13
株式会社技術評論社 書籍編集部
「なぜ、いま学校でプログラミングを学ぶのか」係
FAX：03-3513-6183
URL：https://gihyo.jp/book